Mechanical Metal Removing—Principle of Shape Generation

機械加工学

形状の創成原理

Furukawa Yuji　古川 勇二

JN064173

はじめに

「加工(かこう)」とは，一般的には「原材料に手を加えて製品とすること，またはその製作作業のこと」とされ，英語では 'processing' とされている．『JST 科学技術用語日英対訳辞書』によれば，「加工」の英訳は 'elaboration', 'processing', 'machining', 'working', 'working and processing' であるが，著者の解釈では elaboration とは「精密につくり上げること」で，その考えかたはいわゆる "加工の原点" であるともいえるが，実際には原材料を加工する場合には elaboration を用いず，processing, machining, working などが一般的だろう．

processing とは，対象材料を選択して素材とし，目標物に種々の手法を組み合わせて変換していくことを幅広く指している．一方，machining とは，機械や工具を用いて対象材料を目標物体に変換していく加工に限定され，JST でも「機械加工，機械工作，加工，機械削り，工作，マシニング，切削，旋削」としている．

この観点からすれば，本書の「機械加工」は 'machining' が相当するといえるが，少しは体裁を整えたい考えもあり，また初歩的ではあるが "形状を創り出す原理" に立脚してまとめたつもりなので，副題を「形状の創成原理」とした．

「加工」といっても多様であり，対象によって「機械」，「電気」，「電子」，「建築」，「土木」，「化学」，「生物」などがあるが，本書では，そのなかでもとくに付加価値が高い機械，電気，電子を主対象とする機械的なユニットと部品の加工を対象にしている．

身の周りにある数多の機器のなかで，たとえば今日の必需品である携帯電話を取り上げると，携帯電話システムの全体的構想は電気・電子分野だが，手にする電話機本体は電気・電子機械である．そして，この構造体と機能体をどのように設計し製造するのかが「加工」である．

携帯電話のケースはプラスチックスの成型加工，留めているねじ類は鍛造加工，さらに小型カメラの外形は金属の塑性加工である．ケースを外してみると，電池パックと LSI（Large-Scale Integrated Circuit ＝大規模集積回路）がはめ込まれているだけで，その内部は微細なねじを外さなければ普通は見ることはできない．

今日の機器類の大半は LSI で制御されているが，その LSI をどのように製造するのかが技術開発のポイントである．数十年前，著者が子供の頃は未だ真空管時代で，3 球スーパーラジオを試作して明け方までかかって完成させ得意になっていたが，中学生の頃には数百円でダイオードを購入して小型ラジオを試作した．しかし，大学生時代になると数十から数百個のダイオードを一体化した IC（Integrated Circuit ＝集積回路）が出回り，電気電子品の試作も様変わりした．さらには数十から数百個の IC を一固めにした LSI が技術社会を変革し，新たな技術革新をもたらしている．

しかし，このような LSI が技術革新を実現したのは，その LSI を製造する加工設備であり，それらの構成部品・ユニットの大半は精密な機械加工によってもたらされているのである．ここでいう機械加工とは，先述した成型，鋳造，鍛造，塑性加工に加えて，材料の不要部を取り除き，求める精度に部品を仕上げる「除去加工」（removing process）である．除去加工は，被削材の不要部を切りくずとして排除するもので，「切削加工」（cutting process）と「研削加工」（grinding process）に大別され，

精密な形状創成の基本技術である.

　本書では，この除去加工の歴史的発展と経緯，形状の創成原理，除去加工による形状の創成，創成形状への擾乱と対策原理などに着目し，著者が経験してきた事実を中心にまとめた．つまり，従来からある切削加工や研削加工書のように各分野の詳細な説明をするのではなく，歴史的に見て形状創成のために除去加工がいかに活用され，将来も欠かせない技術であるかを学び取ってもらう目的で最も重要なポイントを解説し，読者が自身で考え，さらに必要な内容は自ら調べて自分のものにしていくという形式を取っている．

　ものづくりにおいて最も基本的かつ普遍的な，機械加工という壮大な学問体系を学ぼうとする読者諸氏が，本書からその本質を知って将来の技術開発に少しでもヒントを得ることができれば，著者として大きな喜びである．

2020 年 5 月　古川　勇二

　2008 年 9 月，当時著者が委員長だった日本学術会議機械工学委員会生産科学分科会では，「ものづくり」を次のように定義した．

　発音での「モノヅクリ」を日本語表記すれば 20 数通りあるが，内閣府総合科学技術会議などで平仮名の「ものづくり」を用いているので，本分科会としてもこれを尊重することとした．しかし，その定義が曖昧である現状に鑑み，本分科会では次のように検討した．

「ものづくり」の定義

　人間社会の利便性向上を目的に，人工的に「もの」(形のある物体および形のないソフトウェアとの結合を含む)を発想・設計・製造・使用・廃棄・回収・再利用する一連のプロセスおよびその組織的活動であり，結果が社会経済価値の増加に寄与できるとともに，人間・自然環境に及ぼす影響を最小化できること．

　「ものづくり技術」：ものづくりにかかわる技術の総称

　「ものづくり科学」：ものづくりにかかわる科学の総称

目次 | 機械加工学—形状の創成原理
Mechanical Metal Removing—Principle of Shape Generation

はじめに ………………………………………………………………………… 2

I 形状の創成原理　　　　　　　　　　　　　　　　　　　　　　7

1. **幾何学の仮想原理と物理学の創成原理**(点，線，面，立体の幾何と物理的存在) ………… 8
2. **平面の創成原理**(昔からの墓石などの平面の存在) ……………………… 10
   2.1 三面定盤の原理 …………………………………………………… 10
   2.2 三面定盤の作成原理の数学的解明 …………………………… 12
   2.3 シリコンウェハ平面の作成(平面の転写) …………………… 12
   　　2.3.1 単結晶シリコンインゴットの作成 ……………………… 12
   　　2.3.2 単結晶シリコンウェハの作成 …………………………… 12
   2.4 ブロックゲージの作成 ………………………………………… 14
   2.5 きさげ加工 ……………………………………………………… 15
   2.6 分子線エピタキシー技術 ……………………………………… 16
3. **直径一定物体の創成原理** ……………………………………… 16
   3.1 2平面間に挟んで削った形状は何か ………………………… 16
   3.2 3角歪円の作成 ………………………………………………… 19
   3.3 数学的証明 ……………………………………………………… 19
4. **円柱(疑似円柱)の創成原理** ………………………………… 22
   4.1 平行平面間に3番目の平面を創成する場合 ………………… 22
   4.2 3番目の平面が傾いている場合 ……………………………… 22
   4.3 3平面が相互に傾いている場合 ……………………………… 23
5. **円穴の創成原理**(直径一定の切れ刃で穴を削ると，どのような円穴が加工されるか) ……… 25
   5.1 ドリルとは ……………………………………………………… 26
   5.2 ドリル加工による穴形状解析 ………………………………… 26
   5.3 穴形状のドリル加工 …………………………………………… 28
   5.4 奇数の力学 ……………………………………………………… 29
6. **インボリュート歯形の創成原理**(半径無限大のインボリュートは直線である) ……… 30
   6.1 歯車の形状，サイクロイドとインボリュート曲線 ………… 30
   　　6.1.1 サイクロイド曲線 ………………………………………… 30
   　　6.1.2 インボリュート曲線 ……………………………………… 30
   6.2 インボリュート歯車の創成は回転と直線で？ ……………… 31

Ⅱ 除去加工による形状の創成原理   33

7. 被削材の物性原理(硬度と被加工性) ··· 34
7.1 鉄は隕石が最初だった ··· 34
7.2 製鉄技術の始まり ·· 35

8. 工具材料の物性原理(硬度,鋭利性と加工性) ···························· 38
8.1 工具材料の組成と開発年次 ·· 38
8.2 工具材料の硬度特性 ·· 40

9. 加工機械の運動と面の創成原理(1次元から多次元化への変遷) ·········· 42
9.1 加工機械の誕生 ·· 42
9.2 工作機械の発達 ·· 42
9.3 CNC工作機械 ··· 45

10. 切削加工の除去原理(マーチャントおよび有限要素法解析) ·············· 46
10.1 切りくずの形態 ·· 46
10.2 マーチャントの切削理論 ·· 47
10.3 有限要素法解析による切削過程の説明 ································ 49

11. 切削切り残し原理(1回の切削で切込みどおりには削れない) ·············· 52
11.1 切削切り残しとは ·· 52
11.2 切り残し現象がゼロになる過程 ·· 53

Ⅲ 創成形状への擾乱と対策原理   55

12. 強制振動の発生原理(機械には内外部からの強制振動が存在し,加工精度に影響する) ········· 56
12.1 加工機械の強制振動源 ·· 56
12.2 力型の強制擾乱 ·· 57
12.3 変位型の強制擾乱 ·· 59
12.4 研削盤の砥石不平衡 ·· 60

13. 自励振動の発生原理(前加工時のうねりが現加工時の切削力に影響して発生する再生びびりが大半) ··· 61
13.1 加工系の解析 ··· 61
13.2 スティックスリップ現象 ·· 64
13.3 1次自励びびり振動の発生機構とその対策 ···························· 64
13.3.1 切削力の垂下特性による自励振動 ································· 65
13.3.2 モード連成による自励振動 ······································· 66
13.3.3 切削力の時間遅れ特性による自励振動 ····························· 67

　　13.4　再生型自励びびり振動の発生機構 ·································· 68
　　　13.4.1　自励振動の発生機構 ··· 68
　　　13.4.2　切削条件の変更による安定化 ·································· 68
　　　13.4.3　方位係数の変更による安定化 ·································· 69
　　　13.4.4　再生効果の変更による安定化 ·································· 70
　　　13.4.5　工具の動特性の変更による安定化 ······························ 70
　　　13.4.6　自励びびり振動の適応制御 ··································· 71

14.　加工システムの熱変形原理(切削点での熱発生が加工精度に及ぼす影響) ······ 72
　　14.1　熱源を計測・補正する ·· 72
　　14.2　熱変形の原因は何か ··· 73
　　　14.2.1　熱変形率ゼロの材料の活用 ·································· 73
　　　14.2.2　工場内温度湿度管理 ·· 73
　　　14.2.3　加工機械の温度管理 ·· 74
　　　14.2.4　加工機械本体の熱変形抑止 ·································· 75

15.　加工機械の数値制御原理(現在の加工機械の大半は制御されている) ········· 75
　　15.1　自動制御と数値制御 ··· 75
　　15.2　数値制御の原理 ·· 76
　　15.3　数値制御(CNC)の実際 ··· 77

16.　加工システムの構成原理(セルからFMS) ···························· 78
　　16.1　FA化の背景 ··· 79
　　16.2　機械加工用FMC ·· 80
　　16.3　機械加工用FMS ·· 83
　　16.4　自動組立への適用 ··· 84
　　16.5　FA,CIMシステム ··· 85
　　16.6　国家プロジェクトFMSCと国際プロジェクトIMS ···················· 87

17.　製造をめぐる科学と技術と工学—21世紀のものづくり ·················· 88
　　17.1　術から科学へ ·· 88
　　17.2　C_{60}フラーレンの示唆 ··· 89
　　17.3　スペースシャトルの示唆 ·· 89
　　17.4　分子生物学に学ぶ ··· 90
　　17.5　ダイオキシンが発する危険信号 ·································· 90

写真・資料提供一覧 ··· 91

おわりに ··· 92

索引 ··· 93

I

形状の創成原理

1. 幾何学の仮想原理と物理学の創成原理
(点，線，面，立体の幾何と物理的存在)

　私たちは日常生活のなかで，ごく普通に物体の形状を認識し，他者に話しかけて問題なく処置できている．たとえば，2人で机に座って話し合っているときの「この机の面は結構平らだね」，「机の端は結構な直線だな」，「机の角の点はね」などの会話である．

　しかし，話に出てくる点，線，面，立体の定義を明確にし，その基本概念が何であるのかに関して，疑問を持たずに机を製作することでよいのであろうか？　やはり机の製作精度を明確にし，それをいかに効率的に達成できるかが加工の仕事であるのだから，それらに関して知識を持つべきであろう．

　点，線，面，立体という存在に関しては，すべての人はほぼ共通の理解をしていて日常的な問題は少ないが，実際に机を製作する人たちにとっては，机の点，線，面，立体が製作図面の根拠であり，無視することはできない．

　そこで，まず点，線，面，立体に関する数学的な根拠に関して簡単に振り返ってみたい．

　数学のなかで「幾何学」は，重要な一部を構成している．まず「点」とは何か，おそらく「位置が決まっているが，長さ，面積，体積がないもの」と定義され，結果として数学的な点は実在しないことになる．

　「直線」とは何か，おそらく「2点間を結ぶ最も短い線」と定義できるが，これも実在しないことになる．

　「平面」とは何か，同様に「3点間にまたがる最も面積の小さい面」と定義できるが，これも実在しないことになる．「立方体」も「6つの正方形の面からなる立体」と定義できるが，これも実在しないことになる．

　このように，すべての幾何学的な定義物は実在しないことになるが，私たちは共通概念として点，線，面，立体を仮想し，その実在を想定しているにすぎないのである．

Q1-1　点，線，面，立体に対して，読者の皆さんの自己知識は何か，他の友人はどうとらえているのか，に関してぜひ議論してほしい．

　おそらく，幼い頃からの自然な認識で，点，線，面，立体の理解がなされているであろうが，その

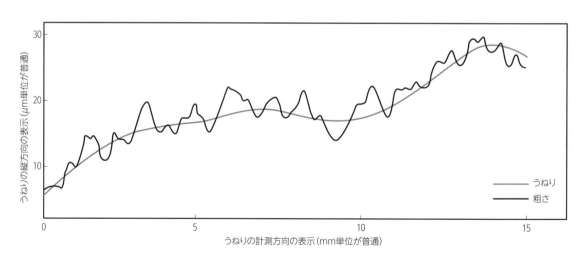

図1.1　表面のうねりと粗さの表示

数学的な定義に関しては十分には理解できていないと思われるので，それらに関して改めて考え，それが実在の物理的存在とは異なることを理解してほしい．

それでは，点，線，面，立体という数学的仮想体と，現実的に認識している物理的実体との違いは何であろうか？

「この机の面は結構平らだね」と実体物を見ながら「平らさ」を認識しているのであるが，この平らさの認識には，平らさの定義と認識度が必要であり，そこに物理的な尺度が存在することになるのである．すなわち，数学的に仮想な平らさと，机の物理的な存在の平らさの間の誤差をもって，平らさを認識しているのである．

私たちは普段から数学的な定義で意見交換をしているが，実際の幾何精度は物理的な存在で計測評価されているのである．ものをつくる加工学の基礎として，この物理的な存在に関して十分に認識しなければならないのである．

「机の稜線が真っ直ぐである」といった場合，具体的な意味は何であろうか？　物理的には，数学的な直線からのズレを数値で表現して表わしたものである．つまり，数学的に理想の直線を想定し，それから物理的な存在としての稜線を評価したものであり，その長さ方向に対する縦方向の凹凸を表現した内容である．

ここで，長さ方向は実物に近い値で表現するが，縦方向の凹凸は微細であるので，相当量に拡大して表現する．

たとえば，**図 1.1** に示したように，長さ方向 100 mm に対して縦方向の凹凸は，1000 倍に拡大した μm で表わすのが普通である．そうすると，図示したように長さ 15 mm に対して 2 〜 3 回の大きな変動があり，これを「うねり」と定義している．

他方「表面粗さ」は，高さ，深さ，間隔の異なる山，谷が連続する複雑な形状をしており，そのなかでも比較的に周期の短い，深さに比べて比較的小さい間隔で現われる起伏が続く表面状態を「粗さ」と呼んでいる．

この規定と記号に関しては，JIS B 0601 および JIS B 0031-2003 で規定されている．

図 1.1 に見られるように，粗さはかなり凹凸していると誤解することが多いが，実際には粗さの表示の横軸と縦軸では 1000 倍近く異なるため，粗さの頂角は図のように鋭角ではなく，実際には 150 〜 170° 程度の平滑角であることを認識してほしい．このような粗さ面が軸直角方向に連なっていくと粗さ面が構成され，全体的な評価が可能となる．

Q1-2　数学的な架空の点，線，面，立体と，物理的な存在としての点，線，面，立体の相違に関して意見交換し，自身の正確な了解をしてほしい．

Q1-3　物体の表面粗さとは何か，身の回りの物体を例に取り上げて議論してほしい．たとえば，机の表面と茶碗の表面はどう違っているのか，その感覚を意見交換し，個人差があることを理解すること．

Q1-4　表面粗さは，日本国内では JIS（Japan Industrial Standard）として，国際的には ISO（International Standard Organization）として標準化されている．両者間の違いはないので，読者は JIS（JIS B 0601）に目を通し，技術の基本としての表面粗さが標準化されていることを理解してほしい．

Q1-5　表面粗さを表示するとき，誰でもが縦方向を重視し，そのため図 1.1 のように縦方向倍率は 1000 倍以上に表示し，横方向は 1 倍のままが多い．

そのように表面粗さ曲線を図示すると，図 1.1 に示したように粗さの頂角が十数度になってしまうため，初心者は表面粗さがかなり鋭く凹凸になっていると誤解する．しかし，実際には前述したように表面粗さの頂角は 150° 以上のなだらかな状態であることを理解してほしい．

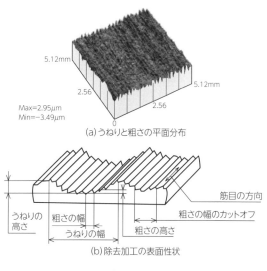

5.12mm
2.56
5.12mm
2.56
Max=2.95μm
Min=−3.49μm
0

(a)うねりと粗さの平面分布

うねりの
高さ

粗さの幅

うねりの幅

粗さの高さ

粗さの幅のカットオフ

筋目の方向

(b)除去加工の表面性状

図1.2　表面のうねりと粗さ

表面のうねりと粗さは，図1.1のように一直線上で示すことが多いが，実際には図1.2に示すように，表面のうねりと粗さは平面上に分布しているので，測定位置によってバラつくことを忘れてはならない．したがって，計測表面の全体像を正確に理解するためには，平面内うねりと粗さを計測評価する必要がある．

Q1-6　身の回りにあるものを取り上げて，そのうねりと粗さに関して議論してみよう．また，読んでいる本，書いている手，鍵やメガネなどの工業製品に関して，うねりと粗さがどの程度か理解してほしい．

2.　平面の創成原理（昔からの墓石などの平面の存在）

2.1　三面定盤の原理

古代人は水面に映る自身の顔を見たとき，最初は誰か他のものがいると考えたに違いないが，何度底を探ってみても水しかなく，やがて水面に自分の姿が映ることを理解できるようになった．そして，この水面が平らであることを認識し，同じようにどこでも自身を映し出せる平らな面をつくりたいと考えたのに違いない．

2万年前の石器，たとえば「矢じり」の面はかなり平らにできているが，古代人はおそらく堆積岩の欠けらのなかから鋭いものを探し，磨いたのかもしれない．3000年前の銅器や墓石はかなり平らにできている．古代から，墓石などの平面は存在した．やはり磨いたのだと思うが，どのように平らにしたのだろうか？

堆積岩の欠けらを2枚拾ってきて相互に擦り合わせると，表面の出っ張りが少しずつ取れて，次第に平らになっていく．初めにどんな石を拾うか，擦り面にどんな砂を入れるか，どのように擦り合わせるかなど，上手に削る人とそうでない人がい

たに違いない．

3000年も以前の技術は初歩段階で，科学はまったくない時代に，古代人が平らな面に仕上げられたのは素晴らしいことであった．

Q2-1　身の回りの平らな面を取り上げ，それがどのようにつくられたか検討してみよう．

当時の仕上がり面の形状は"どんな具合の平ら"なのであろうか？　大概の仕上がり面は滑らかではあるが，端がダレている．なぜかといえば，2枚の石を人間が相互に擦り合わせると，どうしても上の石が下の石の端を擦り過ぎ，それぞれが凸面と凹面に仕上がってしまう．

今日の墓石は機械式に平面にするので，墓石の前で拝むと自身の顔が鏡のように映し出されて気持が良いものではない．昔の墓石は少しだけ湾曲していて，顔がぼやけていた．

それでは，3枚の堆積岩の欠けらA，B，Cを準備し，2枚ずつの組合わせで相互に擦り合わせたら，表面はどのように仕上がるだろうか？

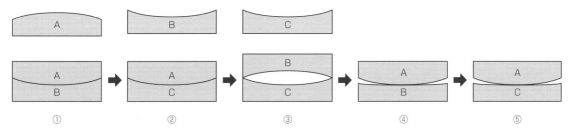

最初にA, B, C, 3枚の面を準備する. そして, ①AとB, ②AとC, ③BとC, ④AとB, ⑤AとCを順番に擦り合わせると, 出っ張り部分が次第に減少していく.

図2.1　三面定盤の原理

図2.1で, 初めのAとBで擦ると滑らかになるが, Aは凸面にBは凹面になると仮定しよう. 次にCとAを擦り合わせると, Aは凸面にCは凹面になるかもしれない(②). それでは, 凹面になったB面と同じく凹面になったC面を擦り合わせると, 互いに出っ張り部分が擦られて減るから, 凹面よりも平らになるはずである(③).

このように3枚の堆積岩の2枚ずつを組み合わせて擦り続けると, 出っ張り部分が限りなく取られるから, 最後に仕上がる面はA, B, Cのいずれも限りなく真っ平らに近付く. これを「三面定盤の原理」と呼んでいる.

図2.1は三面定盤の作成原理であり, この方法は1800年代に特許化されていると聞くが, 詳細はわからない. 古代人は, 3枚の堆積岩の2枚ずつを相互に擦り合わせると, 最後は3枚とも平らになるのはわかっただろうが, 当時は数学などなかったので, その原理自体は理解していなかったはずである.

その後, 力学体系さらにそのバックグラウンドとしての数学体系が明らかになった今日においても, 三面定盤の原理は正確には解明されていない.

写真2.1は, 精密石定盤のラップ作業の実際である.

Q2-2　三面定盤の原理について考えてみよう. なぜ2面では駄目で, 3面の必要があるのか?

写真2.1　精密石定盤のラップ作業(ミツトヨ)

2.2 三面定盤の作成原理の数学的解明

前述したように，三面定盤の作成原理は残念ながら数学的には証明されていないが，概略は次のように考えられる．

直径が異なる3枚の円（直径が大きい順に D_1, D_2, D_3）を想定し，そのうちの D_1 と D_2 を押し付けると両者が変形し，それぞれは塑性変形して $D_1 + \Delta_d$, $D_2 + \Delta_d$ のように直径が増加していく．この行程を2枚ずつの円で行なっていくと，最後には $D_1 + n\Delta_d$, $D_2 + n\Delta_d$, $D_3 + n\Delta_d$ のように変化し，最終的に3枚の円は直径無限大の平面になるのである．

この考えかたを，実際の粗さ凹凸が3次元的に分布しているときに，どのように変形し，最終的に3枚とも真平面になるであろうことは予想できるが，その厳密な数学的証明はできていない状況である．

最先端技術の代表である LSI の製造技術，とくに平らにする加工原理に関しては，3000年前の石板の平面加工技能・技術と変わりはないのである．

この事例が示すように，「もの」をつくる知識の体系は，まずは現場経験的な技能が先行し，多くの技能経験が集約，整理され，技術知識へと体系化されてきたことを認識してほしい．

Q2-3 ピラミッドはどのように作成されたか？重い大きな石をどのように運び，ピラミッドに仕上げていったか，その技術開発をまとめてみよう．

2.3 シリコンウェハ平面の作成 (平面の転写)

現代の"産業の米"である半導体は，「シリコンウェハ」の真っ平らな基板の上にミクロな電子回路を刻んだものである．それではこの基板はどのようにつくられているのだろうか？

今日の技術は IC や LSI から成り立っていると

いっても過言ではない．これらの基になる原型がシリコンウェハで，今日でも日本が世界の60%程度を供給している．

シリコンウェハは，単結晶シリコンを1mm以下の薄膜の鏡のように平面化し，その上に IC や LSI を刻んで作成する半導体の原材料である．その作成方法は，超平面に仕上げるために三面定盤の原理を用いているだけで，特段の超精密加工装置があるわけではない．

2.3.1 単結晶シリコンインゴットの作成

洋菓子の「ウェハース」（wafers）は，小麦粉，卵，砂糖などを混ぜて焼いた菓子で，14世紀頃にはイギリスで売られていて，今日でも結構食べられている．

一方，シリコンウェハは，単結晶のシリコンを薄く超精密に仕上げた半導体材料で，その形態がこのウェハースに似ていたので，"シリコンのウェハース"と名付けられた．今日，この材料は日本の産業を牽引している状況にある．

シリコンウェハの製造方法は，3000年前に開発された真っ平らな石定盤の間に，薄く切ったシリコンを挟んで平らに仕上げる方式で，原理的には3000年前と変わらないことを認識してほしい．

まず，単結晶のシリコンを準備しなければならないが，それにはシリコンを千数百度の高温ルツボで溶かし，これを単結晶に固めていかなければならない．

溶解したシリコン液体の先端・中心部にきわめて微細な針を当てると，その部分の温度が下がって固体化し，そこから隣接する溶解シリコンを固体化していくのである．

そこで，最初に固体化したシリコンの端から次第に固体化が進むように，ゆっくりと回転させながら上部に引き上げていくと単結晶の塊（インゴット）が生成される（写真2.2）．

2.3.2 単結晶シリコンウェハの作成

次に，このシリコン単結晶インゴットを，超精

写真2.2　シリコン単結晶とスライスしたウェハ（手前）（SUMCO）

密切断機で1mm以下の厚みに薄くスライス（輪切り）する．この切断機も日本の独壇場である．

　輪切りされたシリコンの表面は，この段階ではまだ数百μm単位の凹凸面であるが，それをなくすために「ラップ」（鋳物製の大きな円盤）の間に挟んで擦るラッピング工程に進む．

　ラッピングに用いる加工円盤のラップ面は，三面定盤の原理により3枚のうちの2枚のラップを互いに擦り合わせて研磨し，これを1週間ほど繰り返して3枚とも超平面に仕上げるのである．

　こうしてラップの平面精度をシリコンウェハに転写して磨いていくと，写真2.2手前のような円形のシリコン基板になり，さらに精密ポリシング加工，洗浄を経て最終鏡面を得る．

　このようにして単結晶シリコンウェハが準備されると，その面上に半導体回路をエッチング加工して半導体を形成する．

　以前はウェハ直径がφ3inch程度だったが，4，5，6，8，12inchにまで至り，今日では18inch（約φ500mm）を開発中である．ウェハサイズ（面積）が大きいほど，半導体の製造コストが安価になるからである（図2.2）．

　最初は，仕上げたシリコン基板上にLSI回路を写真投影し，その陰影によってシリコン基板を化学的に除去することで回路に仕上げていた．

　具体的には，初めに仕上がり回路形状の数千倍の絵を描き，それを写真撮影して縮小していく．この縮小を繰り返し，所望のサイズのLSI回路ができたら，それを水酸化カリウム（KOH）液に漬け，回路の黒部分のみを化学的に除去（エッチング）して，回路に仕上げていくのである．

　開発当初は，このように写真技術を使ってシリコン基板上にLSI回路を形成してきたが，今日ではシリコン回路の精度が写真基板の構成単位よりもはるかに微細になり，写真技術では加工不可能なため，シリコン基板上にLSI回路を直接描

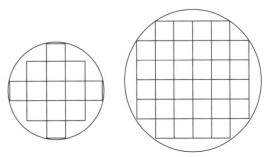

口径（面積）が大きいほどつくれる半導体は多くなる

図2.2　シリコンウェハの口径と半導体歩留まり

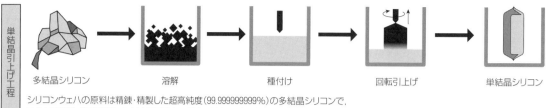

単結晶引上げ工程

多結晶シリコン → 溶解 → 種付け → 回転引上げ → 単結晶シリコン

シリコンウェハの原料は精錬・精製した超高純度(99.9999999999%)の多結晶シリコンで,これを不活性ガス雰囲気の高純度石英ルツボ中で溶解し,単結晶インゴットを製造する.

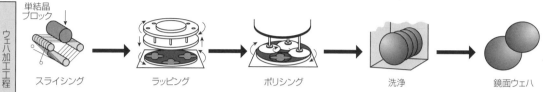

ウェハ加工工程

単結晶ブロック

スライシング → ラッピング → ポリシング → 洗浄 → 鏡面ウェハ

シリコン単結晶のブロックを厚さ1mm以下にスライシング(輪切り)した後,研削・鏡面研磨などを経て超平坦・超清浄なシリコンウェハに仕上げる.

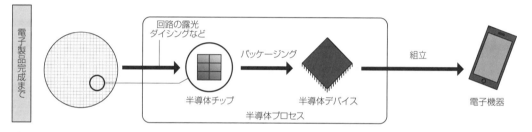

電子製品完成まで

回路の露光ダイシングなど → 半導体チップ → パッケージング → 半導体デバイス → 組立 → 電子機器

半導体プロセス

図2.3 シリコンウェハ製造と電子製品完成まで

画する技術に発展している.

図2.3は,シリコンウェハの製造から電子製品完成までの流れを示したものである.

Q2-4 単結晶シリコン基板の異方性エッチングについて調べ,その原理をまとめてみよう.

2.4 ブロックゲージの作成

平面で重要なものは,工場で寸法管理の実際に役立っている「ブロックゲージ」(ゲージブロック)の製作である.今から120年以上も前の1896年にスウェーデンのヨハンソンが発明したもので,当初は102個であったものが112個に増やされた.

ラップ盤を活用したブロックゲージの仕上げ面精度は高く,ブロックどうしを結合すると相互の面が密着(リンギング = wringing)し,引き離すことができないくらいの結合力が生まれる.

このようにしてこれらを重ね合わせると,20万通りの寸法を1μmの精度で実現できるのである.これを利用して,当時は重要であったライフル銃部品の寸法管理に多く使われた(写真2.3).

リンギングに関してはさまざまな見解があり,高精度ゆえの「分子間力」や,水分と油分の「表面張力」などの効果が検討されてきたが,現状では未だ確定はされていない.

また,当初のブロックゲージは鋼製であったが,最近ではセラミックス製が増え,両材料の特性を合わせた製品も多用されている.しかし,それらの精度も,三面定盤原理を基にした人間の能力で実現できている現状を理解してほしい.

Q2-5 どこの製造工場でも,寸法の管理はブロックゲージを基にしている.できればブロックゲージの現物を見て,実際に活用してほしい.さらに,ブロックゲージを用いて,マイクロメータの校正方法について検討すること.

2.5 きさげ加工

「工作機械」は，金属材料の不要部を除去して所要の部品に加工する機械である．工作機械の重要動作として直線移動が必要であり，その案内面を設けなければならない．

案内面の構造はベッドやスライドのように別に規定されることが多いので，案内面を自由に設計できるわけではなく，案内面の製作に必ずしも三面定盤の加工原理を適用できない場合が多い．

また，案内面は移動体を前進・後退させるガイドであるために移動体を固定してはならず，三面定盤の原理で製作可能な超平滑面を作成してしまうと，潤滑が不可能になってしまう．

そこで，案内面には全体の直進運動精度が高く，かつ運動可能な面である必要がある．このため，案内面の加工には三面定盤原理ではなく「きさげ加工」(scraping)が求められる（**写真 2.4**）．

具体的には，相対的に滑る2面間に「光明丹」を塗って相互に滑り合わせると，出っ張り部（凸部）だけに光明丹が付着して赤くなるので，その部分だけを「スクレーパ」という工具で削り取っていく．光明丹は，四酸化三鉛（Pb_3O_4）の橙色粉末である．

二面間に光明丹を薄く塗って擦り合わせると，2面の高いところに光明丹が付着する（「赤当た

写真2.3　一般的なブロックゲージ（黒田精工）

り」）．そこで，赤当たり部分だけをスクレーパで削り，赤当たりが全面に出るまで仕上げる．初めは赤当たりだが，作業を繰り返すとより精度の高い面となり，「黒当たり」と呼ばれる塗料の付いていない点の集まりに変化していく．

このようにして工作機械の案内面は仕上げられていくが，この作業者の技能は今日でも高精度の機械には欠かせないのである．きさげ加工は，移動体のすべり面と案内面とが直進精度を保証し，かつその間の潤滑が可能な構造が必要な場合に不可欠である．

たとえば，精度の高い工作機械の案内面は機械の随所に存在していて，それらを三面定盤の原理

(a)きさげ作業をする熟練技能者

(b)きさげ仕上げ面

写真2.4　きさげ作業の実際（山崎技研）

で加工することは加工空間上不可能な場合が数多くある．そのような実技術にいかに対処してきたかの事例が，この加工方法である．

もちろん，最近の工作機械では，平面に研削仕上げされた面に「リニアボールベアリング」（LM）を装着するのが大半であるが，場所によってはLMを取り付けられない箇所もあり，あるいは高精度の工作機械の場合には，熟練技能者によるきさげ作業に依存することも多い．

Q2-6 工作機械案内面のきさげ加工についてまとめてみよう．

2.6 分子線エピタキシー技術

さて，3000年に及ぶ"平ら"のつくりかたの基本は，凸部分を除去することにあるが，加工においてはなぜ凹み部分を埋めていかないのかという疑問もある．物体の表面は，究極的には分子の手が開いた状態にあるのだから，分子レベルで見れば"凹み"は分子群の欠落状態ともいえる．

それならば1粒にした分子を凹み部分に埋めていけば，究極の平らがつくれるのではないか，と考えた．そのためには，まずシリコンを気体化してシリコン分子をバラバラにし，その1個ずつを単結晶シリコン基板の上に載せていかなくてはならない．その手法として「分子線エピタキシー」（MBE = Molecular Beam Epitaxy）の応用が考えられた．

1990年代頃，LSI分野ではガリウム砒素半導体の開発とともにMBEが開発されてきた．加工原理としては400℃程度で10^{-6}Torr程度で良かったが，MBEをシリコン平面加工に活用するとなると，1000℃以上の高温，10^{-9}Torrにも及ぶ真空を達成し，バラバラにした分子を基板上に堆積させなくてはならず，技術的には難しいものであった．しかし，関連業者の協力によりシリコン分子が2〜3個，すなわち4〜6Å（オングストローム）程度の超平面を実現することができた．

そこに至るまでには，真空チャンバーの調整技能，シリコン基板の結晶方位制御技術，そして分子結合にかかわる量子科学が総合されなければならなかった．技能・技術・科学の連鎖が夢を実現できると思い知った．詳細に関しては別著にしたい．

Q2-7 分子線エピタキシー（MBE）の原理について調べ，まとめてみよう．

3. 直径一定物体の創成原理

古代人がコロとして木の幹を利用したことはよく知られており，その原理に気付いたのは，丸さが抵抗力を減らすことを経験として蓄えたのであろう．

それでは，木材より硬い石材のコロはどのように加工したのだろうか．おそらく，平らにした2枚の石平面間に棒状の石を挟み，ゴロゴロと転がして次第に丸くしていったのではないか．今日でもまったく同様な原理の加工法があり，それが最先端加工技術の1つであるが，果たして2平面間に挟まれた棒材は真円柱に創成されるのか，はなはだ疑問である．

3.1 2平面間に挟んで削った形状は何か

図3.1に示すように，間隔を一定にした2枚の平面が構成されたとする．この2枚の平面が接線方向に直線運動するとした場合，2枚の間の距離は一定である．その2枚の平面間に置かれた物体が平面材質よりも軟らかく，その出張り部が少し

ずつ削り取られるときに，最終的な物体の形状はどういう形になるだろうか？

多くの読者は，平面間の距離が一定，換言すれば直径が一定の形に仕上がると考える．その通りであり，挟まれて加工された物体の直径は一定になる．

ところが，大多数の読者は，「直径一定の形状＝円」と考えるが，それが大間違いである．「直径一定の形状＝円」は答の１つではあるが，全体の一部にしかすぎない．

もし，物体の軸中心が押さえられていて，その半径が一定の形状ならば真円であるのだが，ここでは物体の直径が一定になるように擦り合わせているのであり，半径を一定にするように加工しているのではない．

Q3-1 小学生の頃の粘土細工を思い出してみよう．粘土を手の平や板で転がしたのを覚えているだろう．上手に丸くできる子もいれば，いつまで経っても丸くできない子もいた．その違いが何であったか考えてみよう．

真円とは何か？「真円とは半径一定の軌跡」と答える，それで正しいのだが，それは数学的な架空の世界のこと．実際に数学のように真円をつくろうとすれば，円の中心を押さえて回さなければならない，しかし，中心は点であるから面積が

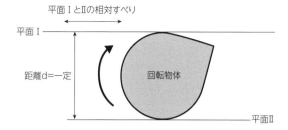

図3.1　2平面間に挟まれた物体の形状

ないので，実体では中心を押さえることはできない．そのため，直径一定の形状をつくろうとすると，図 3.1 のように真平らな2枚の板を用意し，その間隔を一定に保ち（すなわち直径が一定），その間に物体を挟んで擦り合わせ，物体の出張り部分を徐々に削っていく．「そうすれば，仕上がった物体の直径は一定になり，真円をつくることができる」と大半の人は考える．

調べてみると機械工学者（数学者）のフランツ・ルーローは，19世紀後半に「直径一定の形状は等径歪円で，真円はそのなかの1つにすぎない」ことを発見・証明していた．

図3.2 に示すように，1角円（真円），3角歪円，5角歪円，7角歪円，…の奇数角歪円の場合には，その直径は常に一定になる，これを「等径歪円」(Gleichdicke) と呼んでいる．

奇数角歪円は決して偶数にはならないのは容易に想像できる．2角歪円（楕円），4角歪円…偶数角歪円は，回転位置によって明らかに直径が異なる．

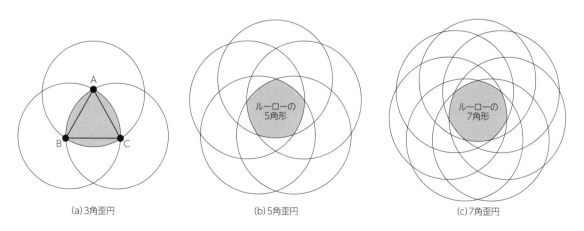

(a) 3角歪円　　　(b) 5角歪円　　　(c) 7角歪円

図3.2　等径歪円の事例（3角歪円，5角歪円，7角歪円，その他奇数歪円は無限にある．（「高校数学の美しい物語」より）

　大学の機械工学科を卒業してからずっと機械の研究をしてきた．元来，加工分野だから，形状を創成することに興味津々で，20代後半の博士研究は"まん丸をつくること，丸い円をいかに正確につくるか"だった．まあ，馬鹿馬鹿しいというか下らないと思うだろうが，私たちの日常は丸とか円によってずいぶんと助けられている．

　自転車を楽に走らせるのは車輪が円形だからだし，軸が軽く回るのはベアリング（軸受）のおかげだ．このベアリングを分解してみると，丸い球か円柱が数個入っているのをご存じだろうか，パチンコの玉と同じだ．当時，パチンコ玉は1個たったの5円（製造価格はずっと安い）だったが，どのくらいの精度だと思われるだろうか？

　どの直径を測ってみても2，3ミクロンと誤差はない．なぜ，そんなに高精度な玉を安くつくれるのかが問題で，学生の頃，かれこれ50年も前になるだろうか，パチンコの玉はおろか，ベアリングの球でさえ数ミクロンもの誤差があった．それゆえ，高精度のベアリングは，何千個もの球のなかから誤差がないものを選び出して組み立てていた．

　結果として，見かけは同じベアリングでも高精度物は価格が数倍，十数倍もした．これはおかしなことだが，丸く仕上げた無数の球から直径が同じまん丸のものだけを選んで組み立てるとは，なんて不合理なことか．私は憤懣やるかたなし．それで鋼球のつくりかたを調べてみた．

　さて，真円とは何だろう？　「真円とは半径一定の軌跡」なんて答えるだろうか．まあ，それも正しいのだが，それは数学的な想像の世界のことで，実際に数学どおりに真円をつくろうとすれば，円の中心を押さえて回さなければならない．しかし，中心は面積がないから，実体では中心を押さえることはできない．それではどうするかというと，今度は直径一定の形状をつくろうとする．

　真平らな2枚の板を用意し，その間隔を一定に保ち（すなわち直径が一定），その間に物体を挟んでゴロゴロと擦り合わせて，物体の出張り部分を徐々に削っていく．そうすれば，仕上がった物体の直径は一定になるから，真円をつくることができる．本当だろうか？

　当時，技術者は皆そう信じていたが，実は違うのである．よく調べてみると，数学者はとうの昔に「直径一定の形状は等径円で，真円はそのなかの1つにすぎない」ことを証明していた．

　図3.2のように，等径歪円（真円），3角円，5角円，7角円，…奇数角円となる．決して偶数にはならないのは，容易に想像できるであろう．2角円（楕円），4角円など，位置によって明らかに直径が異なっている．

Q3-2 真円とは何か，数学的な定義と実在の形状とは異なることを考えてみよう．

Q3-3 おむすびを握るとき，3角円になりやすかった，あるいは3角型のおむすびを売りにしている店もあることを認識しよう．

3.2 3角歪円の作成

具体的な事例として，3角歪円の場合を調べてみよう．図3.2(a)に示すように，まず正3角形ABCを描き，頂点Aから半径AB(= AC)の円弧を描けば，点Aから見た円弧BC間の距離は半径AB(= AC)となる．

同じように，頂点BとCからも同様に作図すれば，創出される3角円は直径が一定になるが真円ではない．つまり，3角歪円になる．それでは，これを実際につくることにしよう．

2枚の真平面板が，2章の三面定盤の原理で準備されたとする．その2枚を取り出し，その間に円形状物体を挿入し，2枚の板を相対的に滑らせ，円形状物体が少しずつ削り取られると仮定する．

図3.3に示したように，上部平面は固定し，下部平面のみが右方向に移動すると，3角歪円の頂点A，B，Cは静止と回転を順次繰り返し，3角歪円の形状が保全されるのである．

Q3-4 正3角形を基にした歪円が存在することを図を描いて説明してみよう．直径が一定にもかかわらず真円ではないことがポイントである．さらに，5，7…と奇数歪円が存在することも説明してみよう．

図3.3の3角円の形成過程では，たとえば第1図での点Aは第2図に回転するまでは止まっていて，これを用いた加工はしにくい面がある．それゆえ，実際には点Aが少しずつ回転する模擬形状が加工上は好ましい．その場合には，図3.4に示すように，正奇数角の頂点に円弧を描き，そ

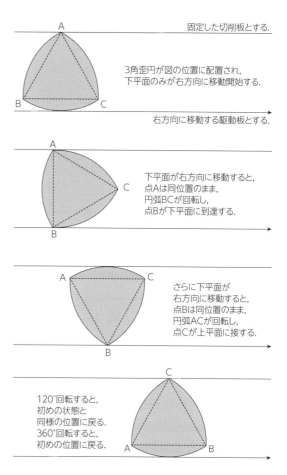

固定した切削板とする．

3角歪円が図の位置に配置され，下平面のみが右方向に移動開始する．

右方向に移動する駆動板とする．

下平面が右方向に移動すると，点Aは同位置のまま，円弧BCが回転し，点Bが下平面に到達する．

さらに下平面が右方向に移動すると，点Bは同位置のまま，円弧ACが回転し，点Cが上平面に接する．

120°回転すると，初めの状態と同様の位置に戻る．360°回転すると，初めの位置に戻る．

図3.3　2平面間で形成される回転体形状(3角歪円の場合)

れに外接するように疑似3角円を描くと，そこに外接する形状が疑似形状になり，実際には加工されることになる．当然のことながら，正3角形の頂点に置く円弧径が大きいほど誤差が増してくる．

3.3 数学的証明

仮定として，上平面のみが切削作用があり，下平面は3角歪円を回転移動する駆動板とする．結果として，上平面と物体との接点(切削点)での出張りは削り取られる．この出張り量は，こすり点における出張りと，こすり点の反対側の点における出張りの和である．こすり点の反対側の点における出張りはその場では削られないが，反対側の切削点の切込みt(t)に足さなければならない．

変動成分のみに着目すれば，削り取られる量，

I　形状の創成原理　　19

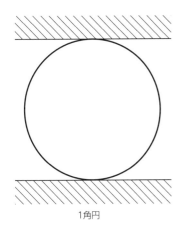

1角円

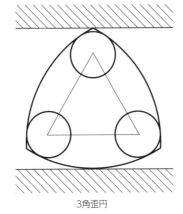

3角歪円

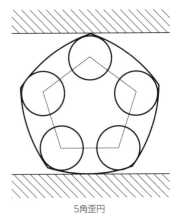

5角歪円

図3.4　疑似等径歪円

すなわち切込み t(t) は,

t(t) = r(ωt − 2π) + r(ωt − π)

　新しくできるうねり r(ωt) は, 回転前のうねり r(ωt − 2π) から切込み t(t) を除したものだから,

$$r(\omega t) = r(\omega t - 2\pi) - t(t)$$
$$= r(\omega t - 2\pi) - \{r(\omega t - 2\pi) +$$
$$r(\omega t - \pi)\}$$
$$= -r(\omega t - \pi)$$

　これを「ラプラス変換」(L) すれば,

Lr(ωt) = − L r(ωt − π)

　Lr(t) = R(s) と置けば, 上式のラプラス変換は以下になる.

$$\omega R(s) = -\omega R(s) e^{-(\pi / \omega)s}$$
$$\therefore \omega R(s)(1 + e^{-(\pi / \omega)s}) = 0$$

s = α + jω であり, 安定限界では実部 α = 0 であるから, s = jω となる. これを代入して時間領域に変換すれば,

$$\omega R(j\omega)(1 + e^{-j(\pi / \omega)t}) = 0$$

ωR(jω) = 0 は無意味であるから,

(1 + e^{-j(π / ω)t}) = 0 の解が有意である.

$$\therefore 1 + e^{-j(\pi / \omega)t} = 0$$

∴ t = ω, 3ω, 5ω, …が解である. すなわち,

1, 3, 5…の奇数歪円が求める解である.

物体の回転角 φ = ωt, ω は物体の回転角速度

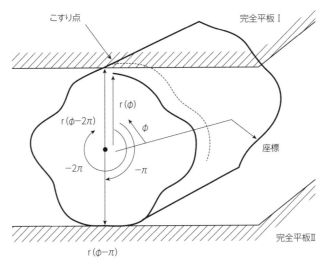

図3.5　円柱の創成

20

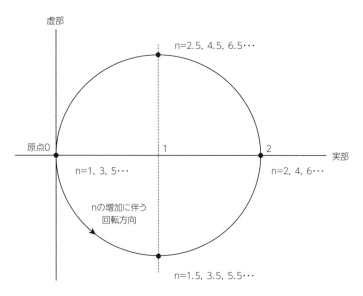

図3.6　成円機構の伝達関数（$1+e^{-\pi jn}$）のベクトル軌跡

rad/s であるから，時間 t の代わりに ϕ を取ってラプラス変換することも可能である．すなわち，$L\phi=s$ と置いてラプラス変換を適用する．

　図3.5 のモデルを参考に，次のことを考えてほしい．

・ϕ に関するラプラス変換の場合

　新しいうねりは，最初のうねり $r(\phi-2\pi)$ から切込み $t(\phi)$ を引いたものであるから，

$$r(\phi)=r(\phi-2\pi)-t(\phi)$$
$$=r(\phi-2\pi)-$$
$$\{r(\phi-2\pi)+r(\phi-\pi)\}$$
$$=-r(\phi-\pi)$$

となる．

　一定回転の場合，回転角 ϕ は時間 t に比例するので（$\phi=\omega t$），ϕ に関して上式をラプラス変換する．

　今，$L\phi=s$，$Lr(\phi)=R(s)$ とすれば，
$$R(s)=-R(s)e^{-\pi s}$$
$$\therefore R(s)(1+e^{-\pi s})=0$$

$s=jn$（ただし，n は工作物 1 回転あたりのうねり数）とおいて周波数域に戻せば，

$$R(jn)(1+e^{-\pi jn})=0$$

$R(jn)=0$ は無意味であるから，

$$1+e^{-\pi jn}=0 \tag{1}$$

が特性方程式である．

　これから明らかなように，n = 1，3，5 の奇数が求められる解である．すなわち，1 角円，3 角円，5 角円…の奇数歪円となる．

　式（1）が特性方程式であり，これをベクトル軌跡として描いてみよう．図3.6 に示すように，半径 1 の正円軌跡となり，n = 1，3，5，…の奇数では原点に集積し，n = 2，4，6，…の偶数では実軸上の 2 に集積することがわかる．

　以上から明らかなように，n = 1，3，5…の奇数ならば $e^{-\pi jn}=-1$ になり，求める解である．

　そこで，n = 1 なら $1+e^{-\pi j}=0$，すなわち 1 角円（真円），n = 3 なら $1+e^{-3\pi j}=0$，すなわち 3 角円，n = 5 なら $1+e^{-5\pi j}=0$，すなわち 5 角円となり，1 角円，3 角円，5 角円，…多角奇数歪円が 2 枚の完全平板間で創成されることが証明される．

Q3-5　「ラプラス変換」はまだ学習していないかもしれないが，大変便利な数学である．とくに，時間遅れ関数 $f(x-\tau)$ のラプラス変換は $e^{-\tau s}f(s)$ が付くことを覚えておいてほしい．

4. 円柱（疑似円柱）の創成原理

第2章では，完全平面を創出するには3枚の板を相互に擦り合わせていくこと，また3章では，平行する2平面間に挟まれた回転体に創成される形状がすべて奇数歪円になることを解説した.

そこで，同じように3枚の平面を準備し，そこを回転できる形状は何かが知りたくなる.

4-1 平行平面間に3番目の平面を創成する場合

3枚の平面のなかで回転できる形状とは，果たしてどのようなものだろうか．その第一段階として，図4.1に示すように平行する2枚の平面に対して3番目の平面の設置角度が$\phi = 0$の場合について検討する.

図から明らかなように，$\phi = 0$であれば物体の形状歪Δrがあっても，物体は平面Ⅲに押されて左右に移動するだけで，平面ⅠおよびⅡの法線方向（引張り・圧縮方向）に及ぼす影響はない，ゆえに，3番目の平面Ⅲが創成形状に及ぼす効果はないことが推測できる.

また，物体が90°回転し，平面Ⅱのところまで達した場合には，形状歪Δr分は平面Ⅰで削り取られるが，この繰り返しで創成される形状は，第3章に述べたように「等径歪円」になる．したがっ

て，このような条件下では，3番目の平面に関係なく創成物体の直径は等しくなり，等径歪円になる.

Q4-1 平行平板ⅠとⅡに直角の平板Ⅲを置いて工作物を加工しても，その仕上がり形状は平行平板ⅠとⅡで加工するのと同等であることを説明してみよう.

4.2 3番目の平面が傾いている場合

もし平面Ⅲの角度がϕだけずれていれば，形状歪Δrが平板ⅠおよびⅡの法線方向に及ぼす値はどのくらいになるであろうか？

図4.2からわかるように，形状歪Δrが平面Ⅲに触れたときに，それが平面ⅠないしはⅡの法線方向に及ぼす効果Δtは次のようになる（図4.3）.

$$\Delta t = -\Delta r \sin \phi$$

ここで，ϕは$-90°$から$+90°$まで変化可能なので

$$\Delta t = -\Delta r \sim 0° \sim +\Delta r$$

一般的にϕは$-30° \sim +30°$の範囲が実用的であるから，その範囲ではΔtは$(-1/2 \sim 1/2)\Delta r$の範囲で変化する．したがって，形状歪が補正されれば正円化することになるが，この解析については，4.3の解析結果の特別条件として明らかにしよう.

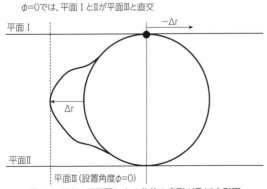

図4.1 平行2平面間にある物体の変形が及ぼす影響
（平面Ⅲの設置角度が0の場合）

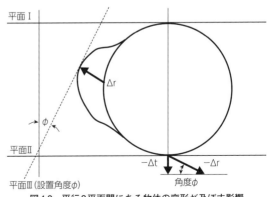

図4.2 平行2平面間にある物体の変形が及ぼす影響
（平面Ⅲの設置角度がϕの場合）

Q4-2 実際の心なし研削加工では，受け板の頂角が平板Ⅲに匹敵する．もし受け板頂角が30°の場合，そのときの成円機構に関して意見をまとめよう．解析は4.3を参照のこと．

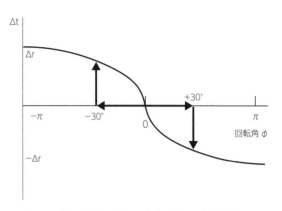

図4.3　平面Ⅲの回転角φによる平面Ⅰの突出し量Δt

4.3　3平面が相互に傾いている場合

これまでのことから，真円形状を創成するという全体目標の達成はおよそ不可能のように思われるが，必ずしもそうではない．形状を創成する要因としての個は，図4.4ではそれぞれB点とC点の2つの拘束点である．2点の個の結果として対象形状が出力されると考えてもよい．

では，拘束点を多点化すればどんな形状が創成されるかという工学的関心が涌いてくる．多少の数学知識を持ち合わせている私たち現代人は，3つの拘束点に内接する回転形状は存在しそうだが，4点以上の拘束点に内接する形状がなさそうなことを知っている．

そこで，3点に内接する回転体の半径は，図4.4に示すように数学的に次のように表わせる．

A点における削り量は，A点での工作物の歪みにB点とC点での歪みによる削り量が足された値となる．

すなわち，

削り量 t＝（A点の1回転前の形状ゆがみ：$r(\phi - 2\pi)$）

　　　　＋B点の形状歪みがA点の削り量に
　　　　　及ぼす効果：$\varepsilon_1 r(\phi - \phi_1)$

　　　　＋C点の形状歪みがA点の削り量に
　　　　　及ぼす効果）：$\varepsilon_2 r(\phi - \phi_2)$

となる．

変動成分だけに着目すれば，

削り量 $t(\phi)$＝（工作物1回転前の点Aでのうねり）＋（点Bでの現在のうねりの影響）＋（点Cでの現在のうねりの影響）

であり，具体的には次のようである．

$$t(\phi) = r(\phi - 2\pi) + \varepsilon_1 r(\phi - \phi_1) + \varepsilon_2 r(\phi - \phi_2)$$

ただし，ε_1，ε_2はそれぞれ点B，点Cにおける工作物の単位うねり振幅が点Aの切込みに及ぼす影響係数で，幾何学から，

$$\varepsilon_1 = \sin(\alpha + \beta)/\cos(\theta - \alpha)$$
$$\varepsilon_2 = \cos(\theta + \beta)/\cos(\theta - \alpha)$$

新しいうねり

$$r(\phi) = r(\phi - 2\pi) - t(\phi)$$
$$= r(\phi - 2\pi) - \{r(\phi - 2\pi) + \varepsilon_1 r(\phi - \phi_1) + \varepsilon_2 r(\phi - \phi_2)\}$$
$$\therefore r(\phi) + \varepsilon_1 r(\phi - \phi_1) + \varepsilon_2 r(\phi - \phi_2) = 0$$

φに関してラプラス変換すれば，

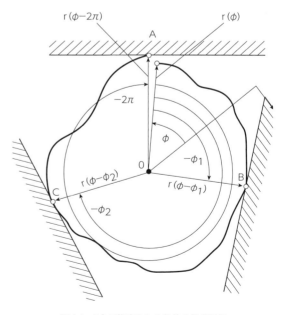

図4.4　3点で拘束される物体の創成形状

$R(s)(1 + \varepsilon_1 e^{-\phi_1 s} + \varepsilon_2 e^{-\phi_2 s}) = 0$

$s = jn$ とおいて周波数域に戻せば，

$R(jn)(1 + \varepsilon_1 e^{-\phi_1 jn} + \varepsilon_2 e^{-\phi_2 jn}) = 0$

となり，

$$1 + \varepsilon_1 e^{-\phi_1 jn} + \varepsilon_2 e^{-\phi_2 jn} = 0 \qquad (1)$$

が特性方程式である．

このように回転体の形状 $r(\phi)$ の解は，拘束点間の相対角度 ϕ_1，ϕ_2 によって変わり，一義的には定まらない．重要なことは，ϕ_1 と ϕ_2 を適切な値に取ると，これら3つの拘束点間で回転し得る形状を，限りなく真円に近付けることができることにあり，これを利用した技術が「心なし研削盤」である．

Q4-3 3平面で囲まれる形状の特性方程式が式(1)になることに関して十分に理解しよう．

研削点Aと受板点Bおよび調整車点C間の角度それぞれ ϕ_1 と ϕ_2 に着目すると，**図4.5** に示すように，$\phi_1 = \pi / 2$ で $\phi_2 = \pi$ の場合には創成される形状は2平板間の場合とまったく同一になる．数学的には式(1)で $\varepsilon_1 = 0$，$\varepsilon_2 = 1$ となるので，結果的に式(1)は2平板間の場合の式(解析3-3)に帰着する．

ところが，ϕ_2 を π よりも数°小さく取ると，3つの拘束点間で回転できる形状は，完全ではないまでも真円に近付けることができ，この条件を選択することで円柱加工の真円度を向上させることが可能になった．

具体的には，特定の設定条件，すなわち心高角 γ，式(1)の ε_1，ε_2，ϕ_1，ϕ_2 を設定し，ベクトル軌跡を描くと**図4.6**のようになる．この場合は，$\gamma = 7.5°$，$\varepsilon_1 = 0.146$，$\varepsilon_2 = 0.940$，$\phi_1 = 0.317\pi$，$\phi_2 = 0.94\pi$ である．工作物上に形成される1回転あたりのうねりの数を描いてあるが，この場合には $n_s = 24$ で原点に最も近くなる．逆にいえば，そのうねり数が最も残りやすくなる．

この24という数は，ほぼ π / γ の整数値である．

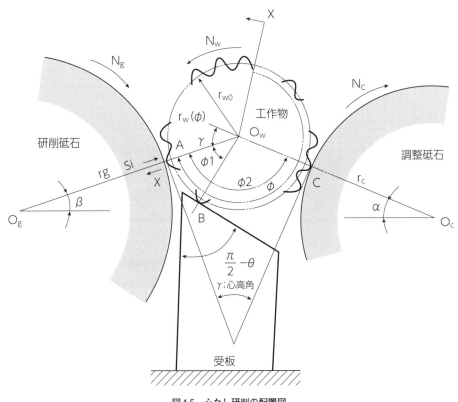

図4.5 心なし研削の配置図

24

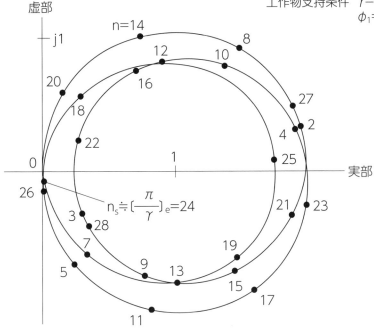

$$\frac{1}{G_g(jn)} = 1 - \varepsilon' e^{-\phi_1 jn} + (1-\varepsilon) e^{-\phi_2 jn}$$

工作物支持条件　$\gamma=7°30'$, $\varepsilon'=0.146$, $(1-\varepsilon)=0.940$
$\phi_1=0.317\pi$, $\phi_2=0.94\pi$の場合

図4.6　幾何学的成円機構の逆ベクトル軌跡

この例に示したように，3枚の定盤で囲まれた工作物に残るうねり数は，ほぼπ/γの整数値になる．具体的には$\gamma=5°$なら36個，$\gamma=10°$なら18個といううねり数になるのである．

　工作物の回転安定性を考慮すると，$\gamma=6\sim8°$程度に設定するのが，最も真円度を高く加工できることが知られている．また，γが$2\sim3°$以下だと，ほぼ並行平板間の加工に等しくなり，結果として$3,5,7\cdots$の奇数歪円が発生することになる．

Q4-4　3平面内で回転できる形状の特性方程式が式(1)のように導かれることを自身で考えよう．

Q4-5　幾何学的成円機構の逆ベクトル軌跡を，$\gamma=3°$の場合に関して記述しよう．

5. 円穴の創成原理（直径一定の切れ刃で削ると，どのような円穴が加工されるか）

　ここでは，丸い穴をあける問題を考える．元来，点が実在せず，したがって真の回転中心も実在しないのだから，どのような高精度回転体の外側に刃物を取り付けて穴を削っても，真円穴は創成できない．いわゆる「中ぐり盤」の創成原理では，真円穴は加工できないのである．

　その代わり，回転体の外側に2枚の切れ刃を持つ加工，たとえばドリル加工やキリモミを想定する．これならば，回転軸がいかにぶれても2枚の切れ刃間の距離は一定である．つまり，直径一定の工具が回転して穴をあけるとき，どのような円穴形状が創成加工されるかである．

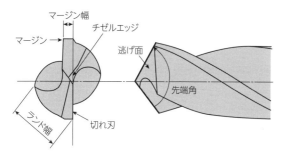

図5.1　ドリルの形状と名称

5.1　ドリルとは

英語の「ドリル」(drill)は，元来はオランダ語の"drillenn"からきている．同じ箇所を回転させて穴をあけていく工具がドリルだが，同様に基本的な知識を反復学習することも「ドリル」と呼称するようになったので，学校の練習ブックもそう呼んでいる．

ドリルの形状を見ると，**図5.1**のように素材の円柱に2本の溝をフライス加工で形成し，この円柱を捩じって溝を螺旋状にし，切りくずが溝に沿って外部に運ばれるようにする．

螺旋状にした円柱の先端部を開角30°程度に削り，切れ刃をつくってそれが工作物に接触して切削し，溝を通って切りくずを排出する．最終的な穴形状は，切れ刃の最外部のみで決まることに注目してほしい．

2枚の切れ刃の中央部を「チゼル」と呼び，チゼルは切削することなく強制的に加工方向に押し込まれるので，ドリル加工では垂直力が大きくなる．したがって，チゼル幅が小さければ垂直力は小さくなるが，逆にすぐ摩耗してしまう．そこで，両方を考慮したチゼル幅の設定が重要である．

Q5-1　ドリルによる穴の加工では，穴の形状はドリルの外径で決まることを説明しよう．

5.2　ドリル加工による穴形状解析

ドリルが回転しても，厳密にはその中心部は静止しているので，ドリル中心部は強制的に工作物をこじあけているのである．ドリル中心部からドリル外周までの2本の切れ刃は，工作物の穴部分を削り取り，切りくずとして排出するのであり，穴の精度には無関係である．

繰り返すが，ここで重要なことは，仕上がる穴形状は切れ刃の最外周部だけで決定されることである．ドリル中心部からドリル外周までの切れ刃による切削作用は，切りくずを生成するには不可欠だが，穴の仕上がり精度には直接関係はない．

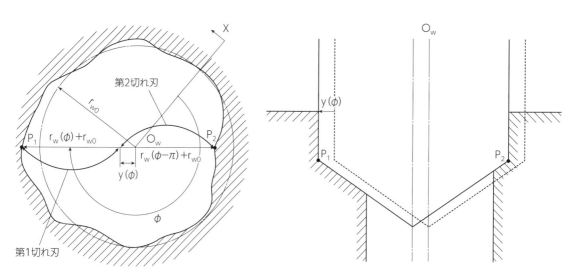

図5.2　加工内周面うねりの形成機構

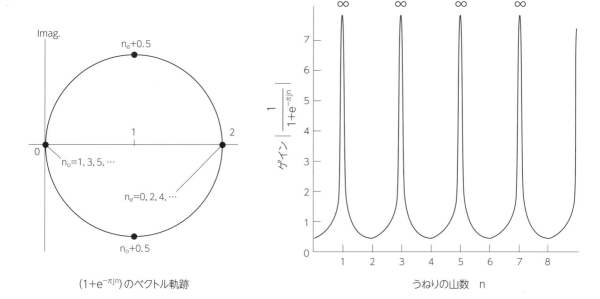

図5.3　振動とうねりの伝達特性

　このことは，2点のドリル外周部を直径とする2枚の切れ刃が回転して切削すると，仕上がる穴形状はどのようなものになるかである．

　3章で，2枚の平面間に挟まれた物体が削られていくとき，仕上がる形状は1，3，5，7，9…の奇数の等径歪円となることを解説した．ドリルの場合，距離一定の2枚の切れ刃が回転して切削すると，どのような穴形状が創成されるかであり，これは2平面間で削られる形状とは幾何学的に逆の関係にある．具体的には，次の通りである．

　今，図5.2のように工作物の中心をO_wとし，ドリルは静止し工作物が逆回転して切削が行なわれているとしよう．

　工作物に固定した任意の固定座標軸O_wXから，第一の切れ刃が切削している点P_1までの回転角をϕ，P_1点における被削材内周面のうねりを$r_w(\phi)$とすると，第二の切れ刃が切削している点P_2までの回転角は$(\phi-\pi)$となるから，P_2点でのうねりは$r_w(\phi-\pi)$と表示される．

　加工中の切れ刃先端の摩耗は微小であるから，ドリル直径は常に一定としてよい．そこで，

$$\{r_w(\phi)+r_{wo}\}+\{r_w(\phi-\pi)+r_{wo}\}=d_o$$

ただし，

r_{wo}：平均半径

d_o　：平均直径

$$\therefore r_w(\phi)+r_w(\phi-\pi)=0 \tag{1}$$

すなわち，P_1点のうねりが凸になれば，P_2点のうねりは凹になる．式(1)を回転角ϕに関してラプラス変換すれば，

$$R_w(s)+R_w(s)e^{-\pi s}=0 \tag{2}$$

$$\therefore R_w(s)(1+e^{-\pi s})=0$$

ただし，

$R_w(s)=Lr_w(\phi)$

s：回転角ϕに関するラプラス演算子

L：ϕに関するラプラス演算子

　したがって，内周面のうねりに関する特性方程式は，

$$1+e^{-\pi s}=0 \tag{3}$$

式(3)で$s=jn$とおけば，

$$1+e^{-\pi jn}=0 \tag{4}$$

ただし,

n：内周面のうねりの数

式(4)を満足するようなうねりの山数が,内周面に形成されやすいことになる.実際の切削中には,「擾乱」の影響でドリルは半径方向に $y(\phi)$ だけ振動しているとしよう.このとき,図5.2のように P_1 側で切込みが正になるように振動すれば,P_2 側は被削材から離れてしまうため,P_1 点と P_2 点でのうねりの和は,

$$r_w(\phi) + r_w(\phi - \pi) = y(\phi) \qquad (5)$$

これを ϕ に関してラプラス変換し,ドリルの半径方向の振動変位 $Y(s)$ と,内周面のうねり $R_w(s)$ との伝達特性を求めれば,

$$R_w(s) / Y(s) = 1 / (1 + e^{-\pi s}) \qquad (6)$$

$s = jn$ とおいて,振動とうねり間の周波数応答を求めれば,

$$R_w / Y(jn) = 1 / (1 + e^{-\pi jn}) \qquad (7)$$

さて,うねり数 n を変数にとって,式(7)のドリルの半径方向の振動がうねりの振幅として何倍に増幅されて移るかを求めると,図5.3のようになる.

これによれば,工作物1回転あたり1,3,5…山の等径歪円に対応する振動が大きく増幅されて移るのに対して,2,4,6…の偶数うねりは1/2に減衰してしまうことがわかる.

したがって,ドリルが何らかの原因で半径方向に振動すれば,3,5,7…山の等径歪円が形成されるだろう.

具体的に等径3角歪穴(n = 3)の場合,

$Rw / Y(j3) = 1 / (1 - e^{-\pi j3})$ となり,これを作図すると図5.4になり,3角歪穴が残ることがわかる.

Q5-2　ドリル加工した穴形状はすべて奇数角円になることを解析してみよう.

5.3　穴形状のドリル加工

仕上げ穴径 D = ϕ 24mm,前穴径 d = ϕ 18,16,14mm,N_s = 240min^{-1} という条件下で実際にドリル加工を行ない,その穴精度を「タリロンド」で計測した事例を,図5.5 (a)〜(c)に示した.

具体的には,あらかじめ貫通穴をあけた材料を,

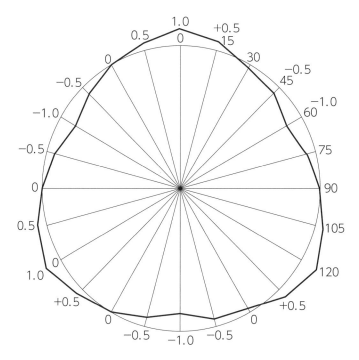

図5.4　等径3角歪穴の解析結果の図形表示

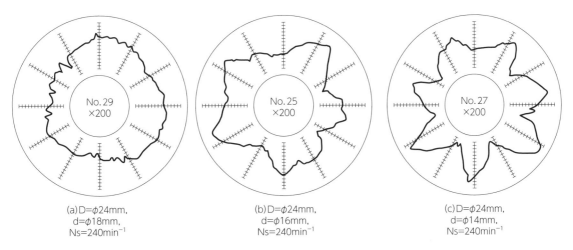

(a) D=φ24mm,
　d=φ18mm,
　Ns=240min⁻¹

(b) D=φ24mm,
　d=φ16mm,
　Ns=240min⁻¹

(c) D=φ24mm,
　d=φ14mm,
　Ns=240min⁻¹

図5.5　拡大穴加工したときの穴形状．3，5，7角になるのがわかる

さらに穴径を大きくするために大径ドリルで加工する．すると，垂直力を与えている手に振動の反動がわかるくらいドリルは振動し，結果的に目で識別できる程度の明確なマークができる．図5.5の場合，3，5，7角穴が発生しているのが明確にわかる．

ドリル加工の場合も，2枚の切れ刃で加工すれば，結果として奇数歪円の穴形状になることが理解できたと考えるが，次の課題としては，できるだけ正円のドリル加工ができないかということである．

これは2平面加工の限界と同じで，ドリル加工の場合も3点接触，すなわち3枚の切れ刃で加工するようにしなければならない．それゆえ，2枚刃よりも3枚刃のほうが真円穴の創成上好ましいはずである．著者自身も提案し，またメーカーも気付いて販売しているが，実際には切りくずの排出にあたって，すでに述べたように螺旋状に加工した切りくず排除面を介して排出するため，小径ドリルになるほどその設定が難しくなる．

5.4　奇数の力学

これら2つの加工原理事例は，私たちに何か“奇数の力学”の存在を示唆している．精密機械は3点で支持すれば支持面が定まるが，4点では駄目

である．転がりベアリングの球数は JIS 規定されていないが，いずれも奇数である．ボールねじのケージ内の球数も常に奇数である．

球の加工については，2平板間に挟まれた物体を3次元的に回転させ，その突出部を削り取ると仮定した場合，直径一定の歪円が創成されることになる．ただし，3次元的に直径が一定の物体となるので，その創成過程は幾何学に加えて統計的な処理が必要になる．

統計的に平準化されるということは，真円球のほうが真円柱より創成しやすいことにつながる．現在の球の創成は，球に近い形状の溝間に物体を挟みラップする方式である．この場合，球溝形状のどこか2点に接触して回転することになるから，結果的にさらに真球に近い形状が創成されることになる．

ところで，円柱，円穴，球などをエネルギー的に見るなら，球は「中心からのポテンシャルエネルギーが一定の形状」，円柱と円穴は「中心線からのポテンシャルエネルギーが一定の形状」と定義される．

私たちは，数々の有人宇宙飛行とその感動的メッセージを忘れることができないが，あの無重力状態での無外乱の下では，同一体積の流体はその表面積が最小の完全球になることを知っている．これを固化することにより，完全固体球が創成で

きる可能性は高い．真円柱についても同様な新しい創成法があるのか，今もって著者は思い付かずに悩んでいる．

Q5-3 真円に仕上げたい，真円穴に仕上げたい，という願望は続く．しかし，2平面間に挟んで転がした形状は，真円になることは滅多にない．直径一定の工具を回転させて穴を削っても，真円穴になることは滅多にない．この真円と真円穴の幾何学的関係について説明してみよう．

6. インボリュート歯形の創成原理(半径無限大のインボリュートは直線である)

人間は理想に近い形で平面と円柱をつくり出してきたが，「次に理想的に製作可能なのが歯車である」というと，少し飛躍し過ぎて混乱するかもしれない．私たち機械に関係する者の多くは「日本機械学会」に所属しているが，この学会のロゴマークは歯車である．

それはなぜか？　機械は建築物とは異なり，動くことによってそれぞれの存在意義がある．その動きは，前述したように直線運動か円運動である．後者の円柱は平面から創成できることを4章で示したが，その円柱に回転運動を与えるには，回転しながら一定の幾を保持して運動伝達できる機構が必要であり，それを可能にするものが歯車なのである．

6.1 歯車の形状，サイクロイドとインボリュート曲線

6.1.1 サイクロイド曲線

歯車の歯形には，主に「サイクロイド」と「インボリュート」がある．サイクロイドは幾何から描くことは可能であるが，これを理想的に加工することはできない．しかし，インボリュートと対比する目的で，その形状を簡易に説明しよう．

サイクロイドとは，図6.1に示すように半径aの円柱を転がしたとき，円柱の1点Pが描く軌跡を歯車形状にしたものである．しかし，その幾何のために負荷力が小さいので，軽荷重の玩具類や時計などによく使われるが，比較的荷重の大きい一般機械の回転伝達には，インボリュートが用いられる．

高校時代の学習でサイクロイドがあったことを思い出してほしいが，「サイクロイド曲線」とは，半径aの円を転がしたとき，その1点P(x, y)が描く軌跡であり，具体的には図6.1に示す実線である．

物理数学によれば，次のように説明している．

数学的にいえば，円C(半径a)がx軸に接しながら回転するとき，その円周上に固定された点Pの軌跡であり，次のように表わすことができる．

$$x = a(\theta - \sin\theta) \tag{1}$$
$$y = a(1 - \cos\theta) \tag{2}$$

このように，サイクロイド曲線は直線上に円を転がして描くことが可能だが，実際にサイクロイド曲線を加工することはできないのである．

Q6-1 サイクロイドは玩具などの駆動部に用いられている．何らかのサイクロイドを見つけて観察し，その結果をまとめてみよう．

6.1.2 インボリュート曲線

一方「インボリュート曲線」は，図6.2に示すように真円(基礎円)の外周線(巻かれた糸)を開いていくときに，その先端が描く曲線である．すなわち，最初に点Aから糸を開いていくと，現在は糸が点Tまで開かれ，糸の先端は点Pの位置にきている．

このようなインボリュート曲線は，数学的に次のように表わすことができる．

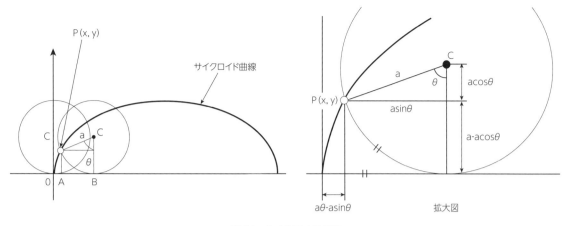

図6.1　サイクロイド曲線

$$x = a(\cos \phi + \phi \sin \phi) \tag{3}$$

$$y = a(\sin \phi - \phi \cos \phi) \tag{4}$$

　インボリュート歯車の歯の形には，インボリュート曲線の一部が使われている．これは，2つの歯が接する点における接線が共通するような形になっているため，歯車の回転速度が一定になり，歯車の間のエネルギー伝導が最適になることが望めるからである．また，インボリュート歯車の伝達負荷は，サイクロイド歯車に比べて高くなっている．

Q6-2　基礎円半径a＝5mmの場合のインボリュート曲線を描いてみる．

6.2　インボリュート歯車の創成は回転と直線で？

　もし，基礎円の半径aを無限大に設定したとすると，半径は直線となり，そこから解き放たれるインボリュート曲線は母直線に垂直な直線になることは想像できるであろう．すなわち，「半径無限大のインボリュートは直線」，つまり，直線はインボリュート曲線の一種なのである．

　したがって，この直線インボリュートは，その他のインボリュート曲線と回転しながら，円滑に

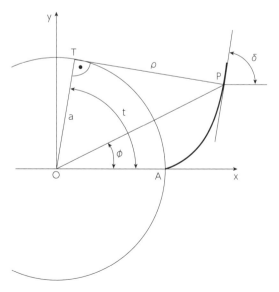

図6.2　インボリュート曲線（Wikipediaによる）

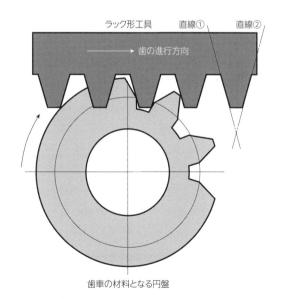

図6.3　ラックによるインボリュート歯形の加工

交わることができる．それならば，直線インボリュートと一般的なインボリュートを組み合わせて，直線運動を回転運動に変換することができる．

この原理を基にして，直線切れ刃と円盤を図6.3のように交差させ，直線切れ刃によって逐次，任意のインボリュートを削り出すことが可能である．

この原理を用いた歯車加工機が「ラック盤」（図6.3）で，実際のラック加工では工具であるラックは上下方向に運動し，それに同期するように被削材は回転していく．まず被削材の外周部（歯車の先端）からラックで削り，次第に被削材の内部方向に切削が進み，最後にインボリュート歯車が削られるのである．

このように，インボリュート歯車のような複雑な形状だが，これを直線刃のラックでつくり出すことができるのである．

Q6-3 実験室や工場見学を活用して，インボリュート歯形が削られる実際をレポートにまとめてみよう．

II

除去加工による
形状の創成原理

これまでみてきた平面と円柱の創成原理は，幾何学的な原理によってほぼ完全な平面と円柱が創成されること，そして，結果的に機械の精度によらずに平面と円柱を創成できる可能性であった．

しかし，実際には平面と物体が擦り合わされたときに，平面は変化せずに物体だけが平面に沿うように変形していく，あるいは削られていくと仮定している．

実際にこの仮定が成り立つためには，物体にはどのような条件が必要かが次なる課題で，具体的には，被削材と工具材の物性の相違点は何か，とくに硬度の違いがどのように実現されてきたか，などである．

これらについてはすでに広く知られていて，インターネットなどでも数多く資料がある．本書の構成上，7章，8章は必要不可欠であり，著者としては従来の書物やインターネット情報から簡潔にまとめたが，これらの情報を活用させていただくにあたって，原著者や個人名を特定できないこともあり，改めてそれらの方々に謝意を表したい．

7. 被削材の物性原理（硬度と被加工性）

7.1 鉄は隕石が最初だった

2章の「平面の創成原理」で述べたことだが，加工の基礎は，工作物としての物体（被削材）が，工具としての2平面間で擦られるときに，この工作物と工具の変形過程が重要である．すなわち，工作物の不要部分をいかに切りくずとして除去できるか，あるいはいかに摩耗として除去できるかが重要である．

これを解決していくためには，被削材と工具の物性と，両者間の相違に関する知見が必須である．すなわち，硬く鋭い工具と，工具よりも軟らかい被削材間において，両者が相対的に滑り合うとき

写真7.1　1922年にアメリカ・テキサス州オデッサで発見された鉄隕石（重さ20.9kg）（明石市立天文科学館）

にどのような作用がなされるかが「加工」（切りくずとして排出する場合には「切削」と呼ぶ）の可否の重要点である．

そこで最初に，被削材の物性に関して若干の理解を深めよう．被削材を金属材料に限定して議論するが，その他の場合であっても基本的な考えは同じなので適用が可能である．

まず，人間の歴史のなかで重要なことは，他民族に勝る戦闘力であったが，戦闘員が活用できる武器がより硬い金属でできていれば有利である．他の物質よりも硬くて，武器として加工できる材料は金属で，その代表は鉄である．

辞書によれば，「隕石」とは次の通りである．

鉄隕石（iron meteorite）は，主に金属鉄（Fe-Ni合金）からなる隕石である．分化した天体の金属核に由来する．ニッケル含有比と構造から，「ヘキサヘドライト」（hexahedrite），「オクタヘドライト」（octahedrite），「アタキサイト」（ataxite）に大きく分けられる．

オクタヘドライトには，数百万年の時間スケールでの冷却によって生じる「ウィドマンシュテッテン構造」が特徴的な模様として現われる．これは，Fe-Ni合金の正8面体型結晶構造が出現したもので，オクタヘドライトと呼ばれるものの特徴

である.

平均して 8.59 % 程度のニッケル, 0.63 % 程度のコバルト, 数 ppm の金, 白金, イリジウムなどの貴金属も含まれる. また, 少量のリンおよび炭素などの非金属元素も含まれる.

紀元前 3000 年も前の古代エジプトの墓から鉄製の装身具が発見されているが, 人間が自ら鉄を開発したのは紀元前 1500 年頃であるから, それよりも 1500 年も前に鉄を用いていたのは, 宇宙から降り注いできた隕石以外には考えられないのである.

写真 7.1 は「鉄隕石」と呼ばれている. おそらく当時は, 鉄隕石を加熱して軟らかくし, 叩くなどして装身具をつくったのではないだろうか?

数百年後には, この延長としてトルコで鉄剣がつくられている. 鉄隕石は, 鉄, ニッケルなどの合金であり, 宇宙からわずかばかり降り注いできたが, 過去に降り注いだ総量を考慮すれば, 原材料として十分であった.

Q7-1 博物館に行って隕石を見よう. 宇宙にある隕石には鉄系が多いのに気付くだろう.

7.2 製鉄技術の始まり

一方, 人工的製鉄に関しては, 日本の「中近東文化センター」の調査がある. トルコのカマン・カレホユック遺跡を調査し, 紀元前 2100 ～ 1950 年の地層から鉄製の小刀を発見し, これまでの製鉄の歴史を 500 年ほど早めて修正している (朝日新聞 2009 年 3 月 26 日).

この発見に基づけば, その後, 他民族に勝って製鉄技術をものにしたヒッタイトが, 紀元前 1500 年以降から長期にわたって, 鉄を用いて最強の武器を製造でき, 中近東を中心に栄えたのであろう.

さて, 製鉄するには鉄を多含する砂鉄などの酸化鉱物を原材料として集め, これを 1,000 ℃ 以上の高温に熱して酸素分を除去 (還元) しなければならない. ただし, 炭を気中で燃やしているだけでは 600 ℃ 程度にしかならないので, 古代人は炭を炉に入れ, ふいごで風を送って 1,000 ℃ 以上を達成し, そこに酸化鉱物を入れて, 酸化鉄を溶融して不純物や酸素を抜き, 叩いてその空洞部を埋め, 鉄の純度を上げていったと考えられる.

次に, 高純度化した鉄を叩いて成型し, 武器の部品を作成した. その後, ヒッタイトの製鉄法は他民族にも広がり, 銑鉄, 錬鉄, 鋳鉄, 鋼へと発展してきた. それぞれの特徴は次の通りである.

①銑鉄 (pig Iron): 鉄—炭素系状態図の共晶点 (炭素 4.25 %) で鉄を取り出すため, 炭素含有量が高い. 銑鉄は硬いが衝撃を与えると割れやすいので, 構造用材料には使われない.

炭素含有量を 2 % 以下に下げる転炉や平炉処理を行なったものを「製鋼用銑鉄」という. このプロセスを「製鋼」と呼んでいる. 炭素含有量を 4 % 以上に保った鋳物用銑鉄は, 成分を調整して鋳型に流し込み, 鋳鉄となる.

②錬鉄 (wrought iron): 炉で鉄鉱石を還元した鉄. 炭素の含有量が 4 ～ 5 % と高いので, 硬いが脆く衝撃に弱いので, 今日活用されることは少ない. 19 世紀に鉄橋やビルの鉄骨, 鉄道レールなどに多用され, エッフェル塔が代表である.

③鋳鉄 (cast iron): 炭素含有量が 2 ～ 7 % の鉄で, 今日も多用されている. 炭素量が多いために硬いが脆く, 図 7.1 に示すように外力 (応力 $\sigma = F/A$, F:外力, A:面積) を加えると弾性変形 (歪 $\varepsilon = \Delta L/L$, L:初めの長さ, ΔL:外力によって伸びた長さ) する量がきわめて小さく, すぐに破断する (鋳物など脆性破断材料).

④鋼 (steel): 炭素量を 0.02 ～ 0.12 % の範囲にした炭素鉄合金をいう. 鋼の機械的強度とは, 強度, 靱性, 磁性, 耐熱性が主体であり, それらが高く, 多数の工業製品の中核材料として今日も多用されている. その特性は図 7.1 に示した通りである.

たとえば, 鋳鉄と鋼の引張り強度を図示すると, 図 7.1 のようになる.

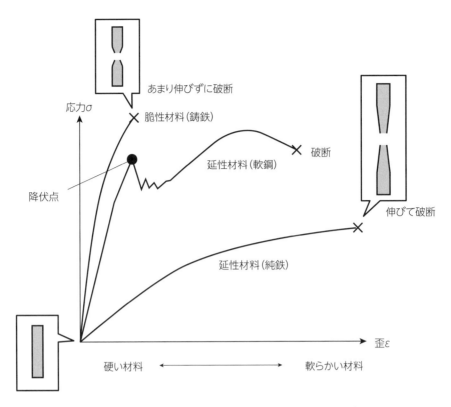

図7.1 脆性材料(鋳鉄)，延性材料(純鉄，軟鋼)の応力・歪曲線

ここで引張り強度とは，鋼材の持つ最大の強度のこと．材料を引っ張ったときに，長さLのものに加重Fを加えると ΔL だけ延びたとすると，歪 $\varepsilon = \Delta L / L$ となる．

一方，材料の単位断面積あたりの加重，すなわち応力 $\sigma = F / A$，ただし，A：材料断面．

Q7-2 鋳物と鋼の活用事例を挙げ，それぞれの利用目的を記述しよう．今日，幅広く活用されているのは鋳鉄と鋼であるので，純鉄を含めた3者の関係を化学的に見てみよう．

図7.2は，横軸に炭素量%(質量)を取り，縦軸を温度としたときの関係を示している．含有炭素量が6%強を超えると Fe_3C の「セメンタイト」(いわゆる鋳物)になり，それ以上だと炭素Cが析出するようになる．したがって，鋳物を削ると炭素が析出するので，黒く汚れるのである．

炭素Cが0%(実際には0.0218%まで)だと「純鉄」であり，鉄(Fe)そのものになる．純鉄は，組織が軟らかい「フェライト」で，ゆえに塑性加工性が高く，薄板や箔，細線に加工でき，薄板はジュース缶などの容器になる．

炭素量を0%から6%強まで少しずつ増やしていくと，炭素含有量が0.0218%を超えて2.14%までの合金を総称したものが「鋼」である．鋼は炭素含有量の多少で「低炭素鋼」(炭素含有量が約0.3%以下)，「中炭素鋼」(炭素含有量が約0.3～0.765%)，「高炭素鋼」(炭素含有量が約0.765%以上)の3種類に分類される．

2.14%というのは，「オーステナイト」の炭素最大固溶量である．炭素が鉄に固溶している組織はフェライトと「パーライト」が混在している．

パーライトは，「共析反応」によってできた層状の組織で，非常に薄い板状のフェライトと硬いセメンタイトが交互に並び，その厚さは冷却速度が速いほど薄くなる．鋼は強さと粘さとのバランスが良く，産業界や生活関連商品に多用されている．

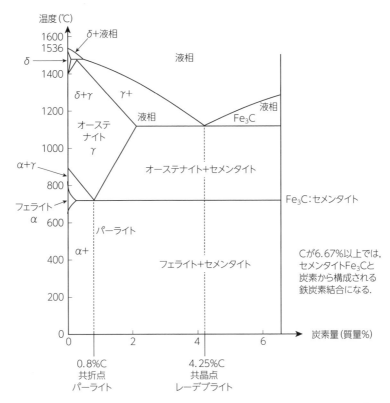

温度(℃)

1600
1536
δ+液相
δ
液相
1400
δ+γ
γ+
液相
1200
オーステ
ナイト
液相
Fe₃C
α+γ
1000
オーステナイト+セメンタイト
800
フェライト
α
Fe₃C:セメンタイト
600
パーライト
400
α+
フェライト+セメンタイト
Cが6.67%以上では,
セメンタイトFe₃Cと
炭素から構成される
鉄炭素結合になる.
200

0
0   2   4   6
炭素量(質量%)

0.8%C
共析点
パーライト

4.25%C
共晶点
レーデブライト

図7.2　FeとCの比率による鉄系物質の状態(一般的に多用されているものに加筆)

そのため,熱処理は純鉄や鋳鉄ではなく,鋼が対象になることが多い.鋼はわずかな炭素含有量の違いによって性質が大きく変化する.鋳鉄は,炭素含有量が2.14%を超えて6.67%までを総称している.

炭素濃度がきわめて高く,2.14%を超える炭素は鉄に固溶せず単独で存在し,したがって,鋳鉄の組織はフェライト,パーライト,そして「黒鉛」で構成されている.

鋳鉄は硬くて脆く,熱して溶かす鋳造を用いる.鋳造品は,マンホールや工作機械のベースなど多数の機械製品に使用される.

炭素含有量が6.67%を超えた状態は,硬くて脆いセメンタイトと炭素から構成される鉄炭素合金になる.

「共析」とは,1つの「固相」から2つの「固相」が同時に「析出」する現象.「共晶」とは,1つの「融液」から2つの固相が同時に「晶出」する現象をいう.

Q7-3 鋼は人類の最も素晴らしい発明の1つである.もし,鋼がなければ人類はどうなっていたかを想像し記述しよう.

Q7-4 鉄と炭素の合金が種々の特性を生み出した.その概略を記述しよう.

8. 工具材料の物性原理（硬度，鋭利性と加工性）

被削材料の硬度は歴史とともに向上し，今なお高硬度の物質を求めている．一般的には，この被削材料より10倍程度硬い工具材料が求められるが，実用の限界としては4倍程度である．

ここでは，硬度，鋭利性，加工性といった工具材料の物性原理についてみていく．

8.1 工具材料の組成と開発年次

歴史的には，鉄系工作物材料の発見・開発に相まって工具材料も開発されてきた．7章で概観した鉄系工作物材料に比べて，4～10倍程度高硬度な工具材料が日夜開発されてきている．

各種工具材料に関しては多数のすぐれた文献があるが，次に，Wikipediaなどの情報を中心にまとめたものを図8.1に示す．各種工具材料の開発年次を示すが，それらの用途は次のようである．

①炭素工具鋼（carbon tool steel）

鉄に炭素（C，$0.55 \sim 1.50\%$），ケイ素（Si，$0.10 \sim 0.35\%$），マンガン（Mn，$0.10 \sim 0.50\%$）を含む炭素鋼である．キルド鋼を圧延または鍛造，据込み鍛錬することで製造する．

とくに指定のない限り，鋼板および鋼帯は圧延のまま，それ以外は焼鈍しを行なう．加工性が良く，熱処理により適当な機械的性質を得やすい反面，焼入れ性が悪く焼入れ時のトラブルがあるため，その使用量は高合金工具鋼への移行によって減少する傾向にある．

②合金工具鋼（alloy tool steel）

炭素工具鋼にタングステン，モリブデン，クロム，シリコン，バナジウム，ニッケルなどを加えて性質を向上させた工具鋼の一種．添加物の組成によって32種類の規格が存在する．現在の実用

工具鋼のなかで主流であり，「工具鋼」といえば合金工具鋼を指すのが一般的である．

JIS（日本工業規格）では，「耐衝撃用」「冷間金型用」「熱間金型用」に分けている．主流は，冷間金型用・熱間金型用・切削工具用の材料で大量に使用され，これらのグループを「高合金工具鋼」，それ以外を「低合金工具鋼」と呼ぶ場合がある．

最近では，金型以外のものを「SKS」（Steel Kogu Special），金型用を「SKD」（Steel Kogu Dice）と呼び，材料記号は左記アルファベットで始まる記号で表記される．SKDは「金型用鋼」または「ダイス鋼」とも称する．

③高速度工具鋼（high-speed tool steel）

「ハイスピード・スチール」を縮めて「ハイス」と呼び，工具鋼における高温下での耐軟化性の低さを補い，より高速での金属材料の切削を可能にする工具材料として開発された鋼である．「HSS」と略記される．

④超硬合金（cemented carbide）

硬質の金属炭化物粉末を焼結してつくられる合金である．単に「超硬」とも呼ぶ．代表的な超硬合金は，炭化タングステン（WC＝タングステン・カーバイド）と，結合剤（バインダ）のコバルト（Co）を混合して焼結したもので，超硬合金の材料特性を使用目的に応じてさらに向上させるため，炭化チタン（TiC）や炭化タンタル（TaC）などが添加されることもある．

超硬合金の特徴としては，硬度が高く，とくに高温時の硬度低下が少ないことである．このため，耐摩耗性が要求される分野，とくに切削工具や金型などに採用される（「粉末冶金」，「サーメット」も参照のこと）．

一方，工学上重要な曲げ強度において十分な強

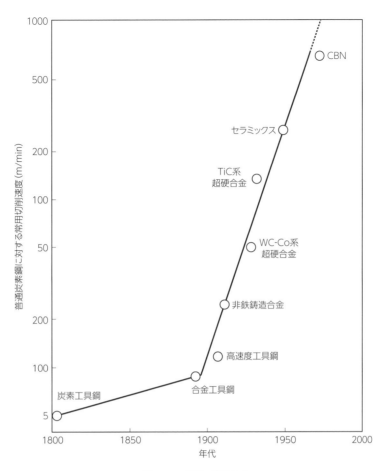

図8.1　工具材の開発年次

度が保てないため，金型用途には工具鋼の補助的材料に甘んじている．切削工具においても重量統計では工具鋼と双璧をなすが，密度が2倍あるので体積換算で限定されている．

⑤セラミックス（ceramics）

狭義には陶磁器を指すが，広義では窯業製品の総称として用いられ，無機物を加熱処理して焼き固めた焼結体を指す．金属や非金属を問わず，酸化物，炭化物，窒化物，ホウ化物などの無機化合物の成形体，粉末，膜など無機固体材料の総称として用いられている．

伝統的なセラミックスの原料は，粘土やケイ石など天然物である．一般的に純金属や合金の単体では「焼結体」とならないため，「セラミックス」とは呼ばない．

⑥サーメット（cermet）

金属の炭化物や窒化物など硬質化合物の粉末を，金属の結合材と混合して焼結した複合材料である．組成（wt%）の一例として，TiC-20TiN-15WC-10Mo2C-5N が挙げられる．定義上は超硬合金と呼ばれる炭化タングステン（WC）を主成分としたものも含まれるが，これを別のものとして扱うことが多い．

「サーメット」の名称は，"ceramics"（セラミックス）と"metal"（金属）からの造語である．1959年にセラミックスよりやや靱性が大きい工具材料として開発された．サーメットは全般的に耐熱性や耐摩耗性は高いが，脆く欠けやすい．主に切削工具の材料として使われる他，化学プラントの機械の部品や高温用のノズルなどにも用いられている．

切削工具の材質としては，主に炭化チタン

(TiC)や炭窒化チタン（TiCN）などのチタン化合物を，ニッケル（Ni）やコバルト（Co）で結合したものが多く用いられる．こうしたチタン系のサーメットは，超硬合金と比べて鉄との親和性が低く，とくに鋼の仕上げ切削に有効とされる．

この他，硬質化合物としては炭化ニオブ（NbC）なども用いられる．

⑦窒化ホウ素（CBN = Cubic Boron Niteride）

アメリカのゼネラル・エレクトリック（GE）社が1957年に開発，「ボラゾン」（Borazon）として商品化した．「立方晶窒化ホウ素」（cBN）はダイヤモンドに次ぐ硬さ（ヌープ硬さ約4700）を持ち，ダイヤモンド以上に耐熱性にすぐれ，鉄系金属との反応性も小さい．CBN砥粒は，耐熱超合金，高速度鋼，ダイス鋼などの高硬度難削材の加工に活用されている．ただ，合成ダイヤモンドに比べると大型化が難しく高価である．

このCBNを用いたCBN砥石，焼結体として用いた切削工具がある．水環境では約1,000℃から酸化が始まるが，ダイヤモンドと違って表面に酸化膜が生成されるため，内部までは酸化しない．

⑧ダイヤモンド（diamond）

炭素（C）の同素体の1つであり，その結晶構造は0.15nm（1.54Å）で，実験で確かめられているなかでは天然で最も硬い物質である．「金剛石」ともいう．結晶構造は多くが8面体で，12面体や6面体もあり，宝石や研磨材として利用されているが，ダイヤモンド結晶の原子に不対電子が存在しないため，電気を通さない．

ダイヤモンドは地球内部の非常に高温高圧な環境で生成され，定まった形では産出されず，また角張っているわけではないが，カットした宝飾品の形から菱形，トランプの絵柄（スペード），野球の内野をその記号（◇）の形から「ダイヤモンド」ともいう．

「ダイヤモンド」という名称の起源は，ギリシャ語の‘αδάμας’（adámas 征服し得ない，屈

しない）に由来する．イタリア語，スペイン語，ポルトガル語では‘diamánte’（ディアマンテ），フランス語では‘diamant’（ディアマン），ポーランド語では‘diáment’（ディヤメント）で，ロシア語では‘диамант’（ジヤマント）というよりは‘алмаз’（アルマース）というほうが普通であるが，これはとくに磨かれていないダイヤモンド原石のことを指す場合がある．磨かれたものについては‘бриллиант’（ブリリヤント）で総称されるのが一般的である．

⑨ハイパーダイヤモンド（hyper diamond）

人工素材を含めると，2009年時点で存在するダイヤモンドより硬い物質は「ハイパーダイヤモンド」で，市販の多結晶質ダイヤモンドの3倍程度の硬さ，また同程度の硬さの物質は超硬度「ナノチューブ」がある．

Q8-1 硬貨を取り出して相互に擦り合わせてみよう，軟らかいほうに傷が付く．1円，5円，10円，50円，100円，500円で一番強いのはどれか？その金属組成は何か？

8.2 工具材料の硬度特性

「硬度」と単純に記したが，「硬度」の定義について少しみておこう．

一般的に「硬さ（硬度）」（hardness）とは，物質，材料のとくに表面または表面近くの機械的性質の1つであり，物体や材料が変形したり傷付けられるときの変形しにくさ，傷付きにくさをいう．

代表的なものとして，表8.1に示したように「ブリネル」，「ビッカース」，「ヌープ」，「ロックウェル」の4種類の硬さがあり，頂角136°四角錐のヘッドの食込みで硬度を表わす「ビッカース」が広く使われている．ただ，最近の超硬度材料の計測評価には使用できないものが多く，結果的に硬度計自体が日夜開発されている現状である．

最も普及している「ビッカース硬さ」（HV）に

表8.1　物体の硬度（Wikipediaによる）

試験法名	分類	圧子形状	硬さ算出法	解説
ブリネル硬さ (HBS,HBW)	押込み硬さ	球（一般に10mmを使用）	圧痕表面積で試験荷重を割って算出	
ビッカース硬さ (HV)	押込み硬さ	頂角136°四角錐	圧痕表面積で試験荷重を割って算出	最も広く 普及している.
ヌープ硬さ	押込み硬さ	頂角172.5°四角錐 （対角線長比1:7.11）	圧痕表面積で試験荷重を割って算出	
ロックウェル硬さ (HRC,HRB)	押込み硬さ	頂角120°円錐（先端0.3mm） または鋼球（φ1.5875mm）	試験荷重を加えた後，基準荷重に戻した ときのくぼみの深さの差 h $H_R{}^* = 100 - 500h$（HRA，HRD，HRC）	圧子・荷重により いろいろな スケールがある.

よって，工具材と先の被削材との関係概略値を示すと図8.2のようになる．最も一般的には，超硬合金工具（HV ≒ 2,400）によって鋳鉄（HV ≒ 170）や鋼（HV ≒ 250）を切削する場合である．図のように，被削材のおよそ4倍程度が切削可能の領域となっているが，実際の技術では先に述べたように，10倍程度が問題が少ない.

「劈開性」とは，結晶の一定の面に沿って割れやすい性質のことである．たとえば，ダイヤモンドは結晶方向に対する角度を考慮し，瞬間的に大きな力を加えたり，燃焼などの化学反応を人為的に促進して容易に破壊できる．原石のカットのように，ナイフを当てて軽く手で叩くだけで割ることも可能である.

「熱伝導」とは，原子の熱振動が「フォノン」となって結晶中を伝わりやすいこと，ダイヤモンドテスターはこの性質を利用して考案された.

Q8-2　鋳物，鋼が私たちの生活を支える構造物の原点である，それらの活用状況をまとめ，事例を挙げてその製造方法を具体的に示してみよう.

Q8-3　切削工具材料として必要な要件を整理し，その発展過程を解説してみよう.

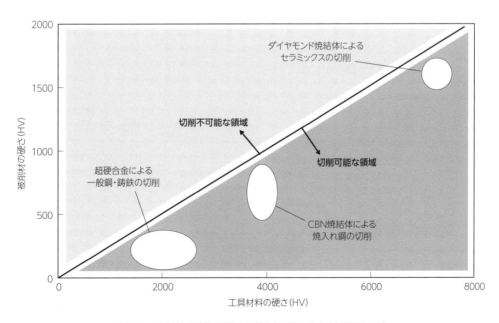

図8.2　工具材と被削材の硬さの対比（Wikipedia切削工具による）

9. 加工機械の運動と面の創成原理（1次元から多次元化への変遷）

加工機械といえばすぐに NC 工作機械を思い浮かべるが，いくら NC について学んでも，加工機械自体の元来の運動を理解しなければ，さらなる開発の方針や利用などの設定はできない．そこで，加工機械の発展について最初から見直し，それらの運動が現在とどこが異なり，どこが継続されているのか，ここでは 1 次元から多次元化への変遷について考えてみる．

9.1　加工機械の誕生

1 章で，元来は機械の運動精度に依存せず平面，円柱，円穴，インボリュート歯形などの創成が可能であることを示した．しかし，これらの加工法によってのみでは，加工能率が低いこと，さらに多次元の形状を創成できないなどの課題があり，限りなく平面や円に近い形状を効率的に仕上げられる創出がなされてきた，まさに "工作機械"（加

写真9.1　16世紀以前の木工旋盤

工機械の特殊名称）の誕生である．

正確にはわかっていないが，13 世紀頃から天井に設けた撓みやすい木の変形を活用して，回転機構を用いて加工を開始したようにも思われるが，矢田の報告によれば，16 世紀以前に動力源として「竿」（lath）の引張り力を利用して工作物を回転させ刃物で削ったとしている（写真 9.1）．これが転じて "lathe"（「旋盤」）になったと思われる（切削加工機械の歴史，ツールエンジニア臨時増刊号（2013,12）掲載，矢田恒二）．

この文献で工作機械の開発の歴史が概観できるので参考にしてほしい．写真から想像できるように，天井に吊るした弓で綱を工作物に巻き付けて回転させる．工作物の回転精度をどのように出したかは不明だが，多分，工作物の軸を円錐型に挟んで回したと思われる．回転する工作物を作業者が手にした工具を操作して削っていったのであろう．平面 2 枚で構成した円錐型と，そこを回転する工作物の丸さが回転精度の基本であった．少なくとも工作物を回転させること，工具を直進させることの 2 つの加工機能の原点が実現されたのである．回転と直進の 2 運動である．

この木工旋盤では加工精度は不十分だし，鉄系材料を効率的には削れなかったと思われ，16 世紀後半の産業革命の頃のイギリスでいろいろな工夫がなされていった．

Q9-1　16世紀以前の木工旋盤の動作を説明してみよう．

9.2　工作機械の発達

「工作機械」は，英語で "machine − tool"，その後の発展をもたらしたドイツでは，"Werkzeug—Maschinen" と命名している．

写真9.2　モズレーの旋盤

Werkzeug とは英語では tool, すなわち「工具」であり, Maschinen とは machine, すなわち機械のことである. 正確に翻訳すれば, 工作機械ではなく"工具付き機械"が正しいであろうが, 日本では工作機械と呼称するようになった.

工作機械を実現していくためには, それまでに明らかになっていた平面と回転の運動を駆動原理として採用しなくてはならない. これを回転運動に対して本格的に実施したのが, 16 世紀後半のイギリスのモズレー (Henry Maudslay) で, **写真9.2** のような「旋盤」の原型を作成したのである.

矢田によれば, 工具を取り付けるスライド, レスト, 送りねじ, 送りねじ用切替え歯車を精密に加工し, それらの機能を一体化したことが最も近代的であったとしている.

Q9-2 モズレー旋盤の基本運動を分別し, 説明してみよう.

その後, 面を切削する「平削り盤」, 引き続いて「フライス盤」が開発されてきたが, おそらくフライス盤としてはアメリカで開発されたリンカーン社 (プラット＆ホイットニー社製) のフライス盤が完成形に近いと考えられる (**写真9.3**).

これらの原型の旋盤とフライス盤は今日でも引き継がれ, その先端形が「ターニングセンタ」(TC),「マシニングセンタ」(MC) として活躍している. したがって, 約 300 年前の工作機械の開発が, 今日の CNC 工作機械群の原型といっても過言ではない.

7 章で被削材, 8 章で工具材の物性原理に関して説明したが, 基本的には被削材をほぼ思い通りの仕上がり形状にいかに削り込んで仕上げていくかが課題である. もし, 被削材が削られるよりも

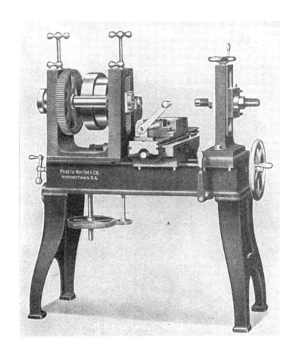

写真9.3　リンカーン社 (プラット＆ホイットニー社製) の初期のフライス盤

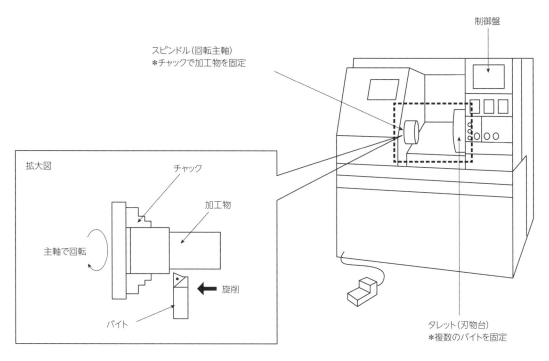

図9.1 CNC旋盤の構造と駆動原理(キーエンス)

スピンドル(回転主軸)
*チャックで加工物を固定

制御盤

拡大図

チャック

加工物

主軸で回転

旋削

バイト

タレット(刃物台)
*複数のバイトを固定

工具材のほうが早く摩耗してしまうなら(削りの一種と考える)、いわゆる"切削"という技術は成り立たない。

実際問題としては、被削材料と工具材料を相対させ、加工時と同様の条件で擦り合わせたときに、被削材料の摩耗量 W_w と工具材料の摩耗量 T_w の比率が、$W_w/T_w ≒ 4$ が限界である。すなわち、被削材料を削る総量の1/4程度までなら、工具材料は摩耗しても可能であろうとの限界であるが、現実的には1/10程度以上が好ましい限界である。

写真9.4 CNC旋盤(滝澤鉄工所)

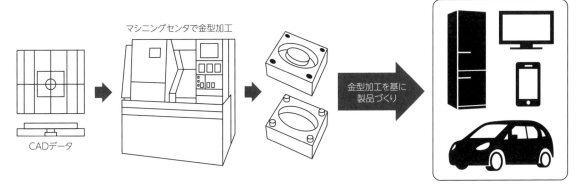

CADデータ / マシニングセンタで金型加工 / 金型加工を基に製品づくり

図9.2　CNCマシニングセンタの駆動原理（キーエンス）

しかし，現実の加工において，$W_w/T_w ≒ 4$では工具を頻繁に交換しなければならず，$W_w/T_w > 10$，すなわち工具は切削量の$1/10$程度しか摩耗しないように設定するのが普通である．

このように設定することにより，1部品の加工にあたって工具の摩耗が及ぼす影響，すなわち仕上げの設定寸法と実際の仕上がり寸法の差，摩耗に伴う工具の交換頻度などをあまり考慮する必要がなくなるのである．このような工具材料が今日も開発されており，その経緯は8章に述べた通りである．

9.3　CNC工作機械

今日の工作機械はほとんど自動で加工することが可能であるが，これは先に述べた工作機械の3つの基本運動，すなわち「主運動」,「送り運動」,「位置決め運動」を基本とし，元来は人手による作業によって実現し（マニュアル工作機械），やがてこれらの作業を「数値制御」（Numerical Control）によって自動化し，今日ではコンピュータによって直接的に動かす「CNC」（Computer Numerical Control）が一般化しているが，この発展の基礎は3種の基本運動を数値制御により自動化したにすぎないのである．

ところが今日の多くの加工技術者は，この発展段階を見過ごしてしまい，すべての加工機械は制御できること，ないしは制御されていることを前提としすぎている．しかし，その原点は元来は人手による作業によって主運動，送り運動，位置決め運動の3種の運動を調整してきたことを忘れないでほしい．

このことによって，加工結果に不具合が出たり，機械が思い通りに動かなくなったり，また機械のシステムがどのように相互に干渉していたりするのかがわからなくなったときなどに，原点の機械の動きに立ち戻って考えられるようにしたい．

図9.1，写真9.4，図9.2，写真9.5に示したように，古典的な工作機械の運動は手動中心でなされているが，現代の工作機械の大半は外部の数値制御装置によって運動を指令し，指令通りに動作

写真9.5　立形マシニングセンタ（滝澤鉄工所）

しているかの位置情報と速度情報を中心に自動計測してフィードバックしたものである．このことを十分に認識してほしい．

Q9-3 市販されているNC旋盤を例として取り上げ，その運動を解説してみよう．

Q9-4 マシニングセンタとNC旋盤との動作の相違を説明しよう．

Q9-5 最近では，マシニングセンタとターニングセンタとの違いが少なくなってきている，先端機種を取り上げ，両機の相違点を説明しよう．

10. 切削加工の除去原理（マーチャントおよび有限要素解析）

　7章，8章で被削材と工具の特性についてそれぞれ概説し，9章でそれらの相対運動によって線や面を超えた形状を創成できる工作機械が生まれたことをみてきた．さらに，求める部品形状が高精度であれば，工具と被削材間の相対運動（切削運動）はどのような原理でなされるのか，従来の理論と最近の研究状況をまとめてみる．

10.1　切りくずの形態

　これまでみてきた切削現象を理論的に解明しようと試みたのは，アメリカのテイラー(1856-1915)である．工具寿命を予測するために工具面に働く力を解析することが必要と考えた彼は，被削材や切削条件あるいは工作機械などの入力条件が工具寿命などの出力に与える影響を実験的に求め，定式化した．しかし，当時の入力条件を前提とした実験式であるため，今日ではほとんど利用できないが，「テイラーの寿命方程式」と呼ばれる切削速度と工具寿命の関係を示した式は，今日でも切削加工の貴重な財産となっている（以上は精密工学会編「切削」による）．

　工具で工作物を削り取るとき，図10.1に示すように「流れ型」，「剪断型」，「むしり型」，「亀裂型」の4種類に分類されることが経験的に知られていて，鈴木（香川大学）の『加工学特論』資料[1]に大変素晴らしくまとめられているため，それを参照した．

　流れ型は延性被削材を削るときに一般的で，図示のように切削により連続した切りくずが排出され，仕上面も精度が高く光沢がある．今日，実際の加工現場でも延性材料を切削することが多く，連続して切削がなされるのでモデル化も容易である．したがって，切削現象の解明にはこの流れ型切りくずの場合を対象に解析している．

　それに対して，鋳物などの脆性材料を切削する場合には，剪断型の切りくずが排出されることが多い．これは，7章で述べたように鋳物など脆性材料では被削材の伸びがほとんどないため，ある応力に達すると材料が一気に破断する．この破断が繰り返されることにより，分断された切りくずが排出される．

　したがって，この場合の切削現象は被削材への圧力が高まって，被削材が一気に破断する段階を境目として，その前段階と後段階に分別した切削機構を考慮しなければならないので，延性材料の加工時とは異なるものとなる．

　この剪断型切削と同様なものが，むしり型，亀裂型であるが，特例として扱っても問題は少ないだろう．

Q10-1 実際に旋盤を用いて工作物を旋削してみよう．被削材料と工具の組合わせによって切りくずの形態が異なることを経験しよう．少なくとも

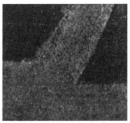 

①現象的には切りくずがつながって連続的に排出される場合で、軟鋼など延性材料を切削する場合の一般現象である。切削の形態が安定していてモデル化しやすいこともあり、切削現象の基本として扱われている。

(a) 流れ型

②現象的には切りくずが規則的に分断されて排出される場合で、鋳鉄など脆性材料を切削する場合の一般現象である。切りくずが分断される前と後では、その力学的特性がまったく異なるため、その機構の解明は一般化していない。

(b) 剪断型

 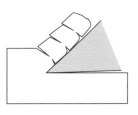

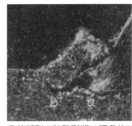 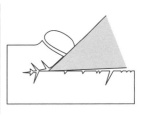

③剪断型の特殊形態で現象的にも特定化されているので、このような存在があることは知られているが、詳細の説明は省かれる場合が多い。

(c) むしり型

④剪断型の特殊形態で現象的にも特定化されているので、このような存在があることは知られているが、詳細の説明は省かれる場合が多い。現象的解明は難しいが、現象の社会的実用価値は少ないと考えられる。

(d) 亀裂型

図10.1 切削加工における切りくずの形態[1]

軟鋼と鋳物を工作物として旋削し、それぞれの切りくずの出方と形状が異なることを体験しよう。

これらの現象を精細にまとめた資料は多数あるが、表10.1に示した財満らの資料[2]が今後の展開に役立つだろう。

10.2　マーチャントの切削理論

ここでは、最も一般的で延性被削材の場合の大半で出現する流れ型切りくずを対象に、そのメカニズムをみていく。前述のようにテイラーが初めて実験的な解明を試みたが、これを本格的に理論解析したのがアメリカのマーチャントである。

かなり以前のことになるが、日本工作機械工業会がマーチャント博士を招いて東京・機械振興会館の講堂で約2時間講演したとき、著者が通訳をした。会場は満員の盛況で、当時の日本はまだ工作機械やその基礎としての加工学に関しては欧米に学んでいた時代であった。

表10.1　条件の違いと切りくずの形態[2]

条件 ＼ 切りくず形態	亀裂型	むしり型	剪断型	流れ型
変形能	小 ←————————————————→ 大			
すくい角	小 ←————————————————→ 大			
切込み	大 ←————————————————→ 小			
切削速度	小 ←————————————————→ 大			
切削剤	無 ←————————————————→ 有			

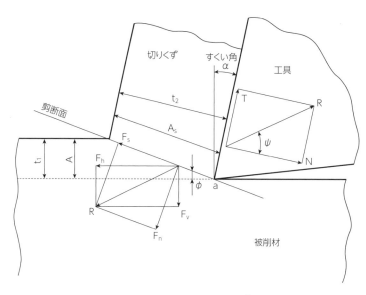

図10.2　2次元切削のモデル図[2]

図 10.2 は，設定切込み深さ t_1 が工具により連続的に剪断され，切りくず厚さ t_2 になって切りくずとして除去されるモデルである．

このとき重要なのは，被削材が剪断されるときの工具角度，いわゆる「すくい角」α である．普通は α が限りなく 90° に近ければ包丁のように鋭くなり，良く削れると考えられる．

一方，金属切削の場合には，包丁のような剪断角では工具がすぐに摩耗して使えなくなってしまうので，従来の α は数度程度に取られてきた．しかし，最近では α をマイナスにするような工具があることを忘れてはならない．

したがって，$-90° < \alpha < +90°$ が可能な範囲だが，$-10° < \alpha < +30°$ が実用の範囲である．

剪断角 ϕ の解析については，『金属切削理論における諸問題』（財満鎭雄，日本金属学会会報 II 巻解説(1972)）を引用している．

図 10.2 で，ϕ：剪断角，α：工具すくい角，t_1：設定切込み深さ，t_2：切りくず厚さ，b：切削幅，v：切削速度，R：合切削力，とする．

今，合切削力 R を水平分力 F_h と垂直分力 F_v，あるいは剪断面での剪断分力 F_s と，それに直交する F_n に分解すれば，次のようになる．

$$F_n = F_h \sin \phi + F_v \cos \phi$$

$$F_s = F_h \cos \phi - F_v \sin \phi$$

すくい面に働く垂直力 N，摩擦力 T は，

$$N = F_h \cos \alpha - F_v \sin \alpha$$

$$T = F_h \sin \alpha + F_v \cos \alpha$$

すくい面と切りくずの摩擦係数を μ，摩擦角を β として，

$$\mu = \tan \beta = T / N$$
$$= (F_v + F_h \tan \alpha) / (F_h - F_v \tan \alpha)$$

剪断面の面積 A_s は，$(t_1 b) / \sin \theta$ で与えられるから，剪断面での平均垂直応力 σ_s，平均剪断応力 τ_s は，

$$\sigma_s = F_n / A_s = (F_h \sin \phi + F_v \cos \phi) \sin \phi / t_1 b$$

$$\tau_s = F_s / A_s = (F_h \cos \phi - F_v \sin \phi) \sin \phi / t_1 b$$

また，切削力 R は $R = F_s / \cos(\phi + \beta - \alpha)$ であるから，

$$R = \tau_s A_s / \cos(\phi + \beta - \alpha)$$
$$= \tau_s t_1 b / \sin \phi \cos(\phi + \beta - \alpha)$$

このうち，α，t_1，b は求まるが，ϕ を知ることは困難で，一定長さ ℓ の切りくず重量 w を求め，材料の比重 ρ から「切削比」（cutting ratio）γ_c を求めて ϕ を知る．

$$\gamma_c = t_1 / t_2 = t_1 / (w / \rho \ell b) = \rho t_1 \ell b / w$$
$$\therefore \tan \phi = \gamma_c \cos a / (1 - \gamma_c \sin a)$$

切削比は，切削理論の取扱いで測定と理論を結

ぶ重要な役割を果たす値である.

マーチャントは最大剪断応力説の立場から，剪断面の方向は剪断応力が最も大きくなる面，すなわち，一定の剪断応力に対して切削抵抗 R が最小になる面として次を導いた.

すなわち，dR／dφ = 0 として，
cos (2φ + β − α) = 0，ゆえに，
2φ + β − α = π／2 から，
φ = (π／4) − (β／2) + (α／2)

Q10-2 切削における剪断歪が実験的に求められることを力学的に解説してみよう.

10.3 有限要素法解析による切削過程の解明

これまで概説してきた切削過程は，切削の全体像は十分に説明できたが，残念ながら現象を十分には解明できていない.すなわち，実際の現象は，切削切込みがゼロから始まり，その切りくずの除去過程は数μm の範囲で決まり，その範囲では除去される被削材の特性によって切削過程は大きく変化する.

すなわち，切込みが始まるゼロからの切削過程はいかなるものか，また，切削される被削材の被切削抵抗は，被削材の物性とくに多結晶体か単結晶体か，そうだとすると被削材の微小な結晶性を考慮した解析がなされなければ，真の切削現象は解明できないと考えられる.

しかし，1980 年代までは被削材の結晶特性を考慮した切削過程の解明はなされてこなかった.この問題を解決するために，著者らは当時としては 0 〜 10μm の切込み変化が可能な超精密工作機械を試作し，これを用いて結晶方位を特定した材料を対象にマイクロ切削を実施してきた.

今日では超精密加工機械として実用されているが，当時，機械全体をアルミナセラミックで構成し，切込みはピエゾ電子で与え，送りは摩擦駆動する超精密加工機械は初めてであった.その構造の概観を図 10.3 に示す.

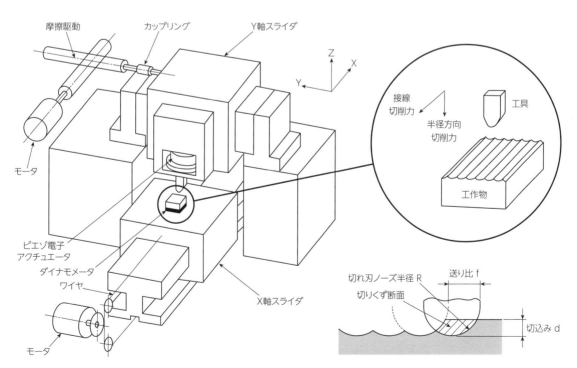

図10.3 開発したセラミックス製超精密加工機械

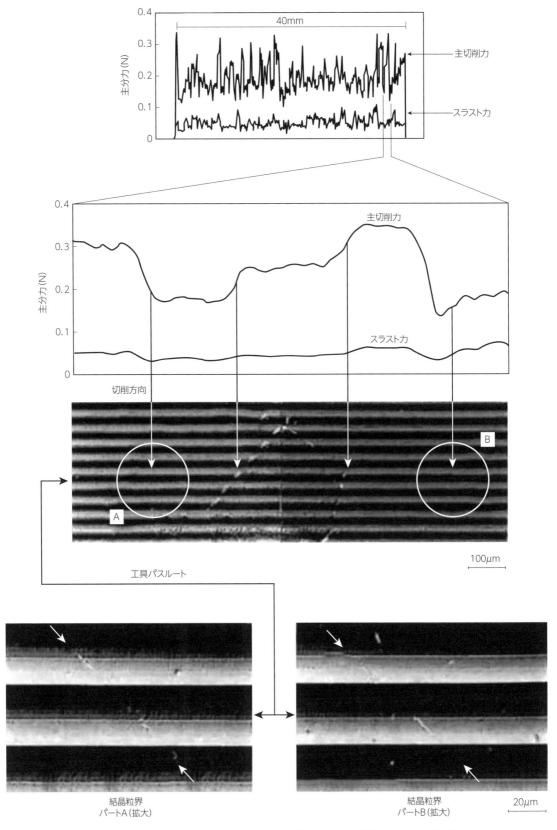

図10.4　アルミニウム合金を超精密加工したときの微小な加工力と仕上面に残された結晶方位

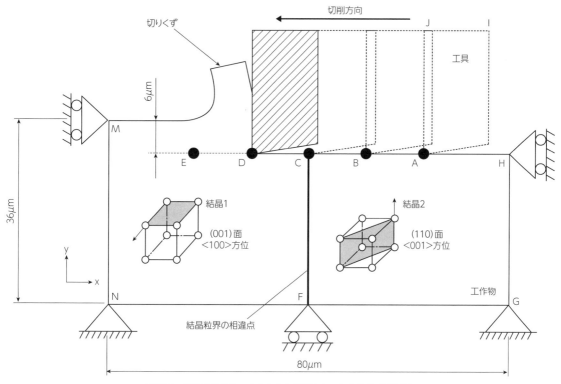

図10.5　多結晶アルミニウム合金を超精密加工したときの配置図
（被削材を80μm×36μmの直方体483個，1555ノーズで，工具を27個，106ノーズで代表）

　単結晶体を切削した事例は多数あるが，それら
を集大成したのが**図10.4**で，多結晶アルミ合金
を加工したときの切削力と仕上面の観察結果を表
わしている．切削力は相当量変動しているが，こ
の時間軸を拡大し，仕上面の結晶方位と対比する
と，切削力はちょうど結晶の段差のところで変動
しているのがはっきりわかる．

　このような変動切削力は一般の切削でも表われ
ているが，平均切削力に比して変動分が小さいた
めに無視してきたのである．論文では被削材とし
てアルミニウム合金，ゲルマニウム，樹脂を対象
とした場合に関して報告しているので，詳細につ
いては論文を参照されたい[3][4][5]．

　このマイクロ切削過程を理論的に導くために有
限要素法（FEM）を用いた．まだCPUの適用範囲
が限られていたが，その基本は次のようであり，
現在でも変わってはいない．

　図10.5に示したように，被削材を80μm×
36μmの直方体（483個の4角形要素，1555ノーズ）

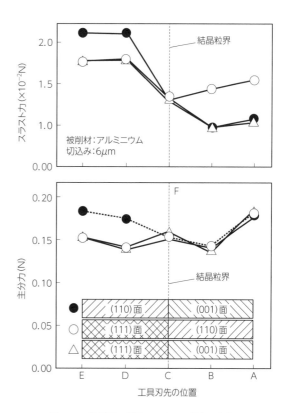

図10.6　被削材の粒界における切削力の変化

で，工具を 27 個，106 ノーズで代表して表わし，切込みを 0 〜 6μm として解析した．その結果は，図 10.6 の事例に示したように，結晶粒界で切削力が変化し，ほぼ実験結果と対応することが解析できた．

この事例に示したように，今日では FEM 解析を用いてマイクロな切削過程を定量的に予測できる状況にある．したがって，元来のマーチャントの切削方程式から，切削過程の全体像を理解し，その実際の過程に関しては FEM を用いて解析できる時代になっている．一般的にはやや難しいが，読者もぜひ活用されたい．

Q10-3 有限要素法（FEM）を用いて，旋削における切削過程を解析できることを示そう．

Q10-4 超精密に切りくず除去すると，切削力が

変動することがわかる，その被削材料上の特性が及ぼす効果について説明しよう．

Q10-5 有限要素法（FEM）によって微小切削過程を解析できる原理を示してみよう．

参考文献
1) 鈴木／「加工学特論」資料（香川大学）
2) 財満鎮雄／「金属切削理論における諸問題」（日本金属学会会報第 11 巻解説　1972 年）
3) Y.Furukawa et al, Effect of Material Properties on Ultra Precise Cutting Processes, 113~116 Ann.CIRP37/1/1988
4) N.Moronuki et al, Experiments on the effect of material properties on microcutting process, 124 〜 131 Precision Eng.16-2, 1994-4
5) Calculations of the effect of material anisotropy on microcutting processes, 132 〜 138 Precision Eng,16-2, 1994-4

11. 切削切り残し原理（1回の切削で切込みどおりには削れない）

ここでは，1 回の切削で切込みどおりには削れない理由について考える．

「除去加工」は，工作物の不要部分を切りくずとして強制的に除去し，目的の形状に仕上げる高精度加工の代表で，その切れ刃が 1 枚の場合を「単刃切削」（旋削が代表），複数の場合を「多刃切削」（フライス加工が代表），そして多刃だが切れ刃の逃げ角がマイナスで，かつ多様な微小切れ刃の場合を「研削」（砥粒による研削加工が代表）と分類している．

いずれの場合も，切削作用が行なわれると工具―工作物間には 3 次元の力が作用し，切削作用そのものによって工作機械は変形する．したがって，初めに設定した切込みから変形分を差し引いた値が真実切込みになる．この現象を「切り残し」と呼び，これについて次に概説し，加工作用がその他の力学系とは異なる点があることを学んでほしい．

11.1 切削切り残しとは

図 10.2 の切削モデルでみたように，接線方向切削力 F_h が働き，工具―工作物間が接線方向に変形したとしても，それが切込み量に与える影響は少なく無視できる場合が多い．

他方，半径方向切削力 F_v が働くと，工具―工作物間に半径方向の変形 X_F が発生し，これは工作物の仕上がり精度に大きく影響する．

具体的には，図 11.1 に示すように最初に切込み T(0) を与えて削ろうとするが，1 回目の加工で実際に削れる量 T(1) は T(0) よりも小さくなる．

その原因は，工具―工作物間には工作機械，工具，工作物およびそれらの取付具によって決まる静剛性 K（ばね定数）が存在し，そのため 1 回目の切削時に発生する半径方向切削力 $F_v(1)$ によって生じる変形分 X(1) は切り残されるのである．

そこで，最初に削れる量 $T(1)$ は，次のようになる．

$$T(1) = T(0) - X(1) \qquad (1)$$

1回目の変形 $X(1)$ は，次のように求められる．

$$F_v(1) = KX(1) \qquad (2)$$

ただし，K：工具—工作物間の半径方向の静剛性（ばね定数）

また，単位切込み量あたりに発生する半径方向切削力 F_v は一定と仮定すれば，

$$F_v(1) = K_c T(1) \qquad (3)$$

ただし，K_c：単位切込み量あたりに発生する半径方向切削力

式(2)，(3)から
$$X(1) = (K_c/K) T(1)$$
これを式(1)に代入すれば，
$$T(1) = T(0) - (K_c/K) T(1)$$
$$\therefore \{1 + (K_c/K)\} T(1) = T(0)$$
$$\{(K + K_c) / K\} T(1) = T(0)$$
$$\therefore T(1) = \{K / (K + K_c)\} T(0)$$

すなわち，実際に削れる切込み量 $T(1)$ は，設定した切込み量 $T(0)$ よりも $K / (K + K_c)$ だけ少なくなる．

これを解釈すれば，工具—工作物間の半径方向の静剛性（ばね定数）K がきわめて高ければ，設定切込み量 $T(0)$ どおりに削れるが，K が小さければ設定どおりには削れない．

すなわち，工具—工作物間の半径方向の静剛性（ばね定数）を高くしなければならない理由が存在するのである．

また，単位切込み量あたりに発生する半径方向力 K_c が小さいほど，理想の設定切込み量どおりに削れる．すなわち，削りやすい材料の開発の原点が存在する．

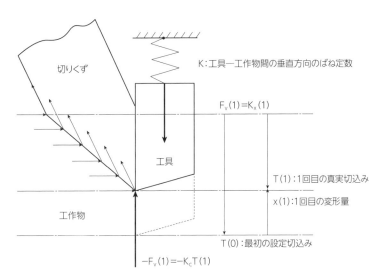

図11.1 切り残しの発生原理

11.2 切り残し現象がゼロになる過程

最初の1回目の切削開始時だけに切込み $T(0)$ を与え，2回目以降は切込みを与えないとする．にもかかわらず，わずかに切りくずが発生するのは，1回目の切削で切り残した部分，
$$X(1) = \{K_c / (K + K_c)\} T(0)$$
が存在するためである．

すなわち，1回目の切削終了後に，初めに切り残した分 $X(1)$ を2回目の設定切込み量 $T(2)$ として切削することになる．

そうすると，2回目の切削では，
$$X(2) = \{K_c / (K + K_c)\} X(1)$$
$$= \{K_c / (K + K_c)\}^2 T(0)$$
$$T(2) = \{K / (K + K_c)\}^2 T(0)$$
以後，n 回目の切削では，次のようになる．
$$X(n) = \{K_c / (K + K_c)\}^n T(0)$$
$$T(n) = \{K / (K + K_c)\}^n T(0)$$

具体的な数値事例として，最初に1mmの設定切込み $T(0)$ を与えたときの実切込み $T(1)$ が0.4mmであったと仮定しよう．そうすると
$$X(1) = \{K_c / (K + K_c)\} T(0) \text{ であるから，}$$
$$X(1) / T(0) = K_c / (K + K_c) = 0.4 \text{ となる．}$$

すなわち，$K_c = (2/3) K$ の場合で，一般的な旋盤での加工の一例と考えてよい．

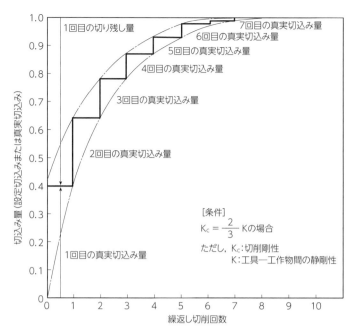

図11.2　1回目だけに設定切込み1.0を与えたときの真実切込みの変化

これを図示すると図11.2を得る．すなわち，初期の設定切込みT(0)を削ろうとしても，繰り返し切削回数nを無限大，すなわちT(∞)にしなければ，設定切込みどおりには削れないのである．

実際には，$\{K_c / (K + K_c)\}$が小さいほど，繰り返し切削回数nが少なくても目的の切込みT(0)を達成できることになる．

具体的には，表11.1の数値事例に示す通りである．

すなわち，$\{K_c / (K + K_c)\}$ = 0.1程度に設定できれば，1回の切削で10%の切り残し，2回の切削で1%の切り残しとなる．

具体的に$\{K_c / (K + K_c)\}$ = 0.1程度に設定するためには，工具―工作物間の静剛性Kをできるだけ大きくする，ないしは切削剛性K_cをできるだけ小さくする．

つまり，被削性の良い材料を切れ味の良い工具で加工する，あるいは切削剛性$K_c = K_c^* B$（K_c^*：単位切削幅あたりの垂直切削力，B：切削幅）であるから，被削性の良い材料（K_c^*が小さい材料）を選択するか，あるいは切削幅Bを小さくして加工することになる．

Q11-1　切り残し現象が起こる原因を，文章表現にして説明しよう．

Q11-2　工具―工作物間の切削方向の剛性を1kg/μm，切削剛性を2kg/μmとしたときの切り残し量を求め，図示してみよう．

参考文献
1) M.E.Merchant,Mechanics of the Metal Cutting Process.Ⅱ.1　Plasticity　Conditions in Orthogonal Cutting.J.Applied Physics,16, pp.318-324（1945）
2) Finite Element Method：有限要素法．数値解析手法の1つで，解析対象を微小な要素に分割し，各要素での計算結果を足し合わせることで，全体の挙動の近似解を求める．
3) 垣野義昭，「有限要素法による二次元切削機構の解析」，精密機械，37，7，pp.503-508（1971）

表11.1　切り残し現象の具体的数値

$\{K_c / (K + K_c)\}$	T(1)	T(2)	T(3)
0.5	0.5T(0)	0.25T(0)	0.125T(0)
0.1	0.1T(0)	0.01T(0)	0.001T(0)

III

創成形状への擾乱と
対策原理

まず，「擾乱」とするべきか「外乱」とするべきか悩んだ．大学時代に教わった擾乱という言葉をそのまま使ってきたし，他書にもそう記述してきた．しかし，擾乱という表現が適当か疑問に感じ，改めて調べてみると次のようであった．

デジタル『大辞泉』の解説によれば，「擾」とは，入りみだれる，みだす，騒がしいとある．これを用いた「擾乱」とは，『大辞林』（第三版）の解説によると，①乱れさわぐこと，乱すこと，騒乱．②〔物〕定常状態からの乱れ，とあり，他方，「外乱」とは，通信系などに外から加わる不要な信号，雑音あるいは妨害ともいうとある．

他の辞書を参照にしても「擾乱」のほうが「外乱」よりも幅広く捉えているように思われる．しかも，英語ではどちらの場合も 'disturbance' とか 'external disturbance' とあり，おそらく「擾乱」に相当する幅広い概念を表わす言葉がないのかもしれない．

これらのことから，技術者としては「外乱」が好ましいのではないかと考えたが，やはり昔から使ってきた「擾乱」のほうが個人的には意味があるので，ここではあえて「擾乱」を用いることにした．

12. 強制振動の発生原理
（機械には内外部からの強制振動が存在し，それらが加工精度に影響する）

12.1 加工機械の強制振動源

加工機械に限らず一般的に機械には，動作のエネルギー源として必ず動力源が内在する．その動力源が，たとえば1秒間に25回転で7.5kWの動力を期待される4P型の電気モータの場合，この動力伝達とともに何らかの「不釣合い力」を与えるのが普通である．この不釣合い力が駆動系に影響することは，容易に想像できるであろう．

また，自身の不釣合い力を最少限に調整したとしても，機械の外部から伝達される外部力が機械に影響し，機械が変位する場合がある．いわゆる，地震の影響と同様である．

機械を平面的に置くには，2章の「平面の創成原理」で述べたように，1，3，5…のような奇数点で指示するのが好ましいが，そのためには3点支持が基本である．本体のベッドの剛性が高く，それ自身の変形が加工精度に影響しない場合には3点支持が活用されている．しかし，最近の工作機械は中大型化してきたため，必ずしも3点支持ではない構造が用いられている場合も多い．

いずれにしても，「支持基盤」によって工作機械のベッドを支えるが，地盤からの振動が影響しないようにするために，支持基盤にはダンパー機能を付与するのが普通である．

機械には，一般的にこれら2種類の外部力が作用しているが，多くの場合，問題になるのは前者の回転に伴う不釣合い力である．機械が静止している状態で回転体の釣合いをいかに取ったとしても，機械が回転し始めると不釣合いの回転変動が発生し，機械系に影響し始める．とくに，最近のような高速化が進むほど，わずかな不釣合いでもそれがアンバランスとして問題になる場合が多いので注意が必要である．

普通は，動力源である電気モータから回転力が媒体を介して駆動体に伝達される．たとえば，工作機械の主軸の場合，表12.1に示すようにプーリを介して増減速して主軸を回転させていたが，現在では主軸の反対側に電気モータを直接設置して回転力を与えているのが一般的である．

このとき，モータと主軸を別に設ける場合と，モータ軸と主軸を一体化する場合がある．前者はモータと主軸との取付け誤差のために必ず回転誤差が生じ，主軸に影響する．後者の場合でも，モー

表12.1 工作機械に発生する外部強制擾乱源例

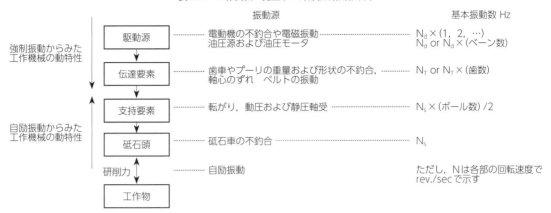

	振動源	基本振動数 Hz
駆動源	電動機の不釣合や電磁振動	$N_d \times (1,\ 2,\ \cdots)$
	油圧源および油圧モータ	N_d or $N_d \times$ (ベーン数)
伝達要素	歯車やプーリの重量および形状の不釣合, 軸心のずれ ベルトの振動	N_T or $N_T \times$ (歯数)
支持要素	転がり, 動圧および静圧軸受	$N_s \times$ (ボール数) /2
砥石頭	砥石車の不釣合	N_s
工作物	自励振動	ただし, Nは各部の回転速度で rev./sec で示す

強制振動からみた工作機械の動特性

自励振動からみた工作機械の動特性

研削力

タと主軸との取付け誤差が最小になるように設定しても, モータ自身の回転誤差が主軸の回転誤差の発生要因になることが多い.

また, モータ自身の回転誤差をいかに削減しても, 主軸自体にもアンバランスが必ず存在し, それが主軸の回転誤差になる.

このように, 工具—工作物間の強制振動変位の発生機構に着目すれば,

① 加工に伴って切削力の変動が引き起こされる「力型の強制擾乱」$Df(s)$

② 無負荷運転時にすでに存在している振動変位が, 加工時にも現われる「変位型の強制擾乱」$Dd(s)$に大別できる.

Q12-1 フライス盤で発生する強制擾乱源について整理してみよう.

12.2 力型の強制擾乱

よく経験することであるが, 円周に溝がある工作物を旋削する場合や, フライス切削は断続切削であるため, 回転に伴って切削力は必ず変動する. このような回転に伴うアンバランス, つまり強制振動源が, 主軸の回転精度に影響することになる.

図12.1 に示したように, 主軸系を質量 m, ばね定数 k, 減衰定数 c の1自由度2次系にモデル化できたとする. この系にアンバランス力 w が加わった場合の振動変位 x は, 次の2階微分方程式で表わすことができる.

$$w = md^2x/dt^2 + cdx/dt + kx$$

一般的には減衰定数 c は小さく無視できるので,

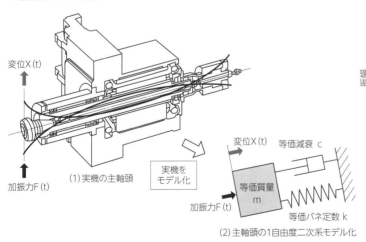

変位X(t)

加振力F(t)

(1) 実機の主軸頭

実機をモデル化

変位X(t) 等価減衰 c

加振力F(t) 等価質量 m 等価バネ定数 k

(2)主軸頭の1自由度二次系モデル化

図12.1 主軸頭の周波数応答解析例

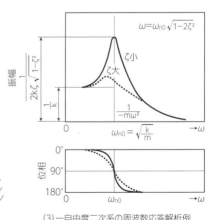

(3)一自由度二次系の周波数応答解析例

$$w = md^2x / dt^2 + kx \qquad (1)$$

これをラプラス変換すれば,

$$W(s) = (ms^2 + k) X(s) \qquad (2)$$

$$\therefore X / W(s) = 1 / (ms^2 + k) \qquad (3)$$

となる.

$s = j\omega$ を代入すれば周波数応答が求められるから,

$$X / W(j\omega) = 1 / (- m\omega^2 + k) \qquad (4)$$

$\therefore \omega = \sqrt{k/m}$ のとき, 振動変位 X は無限大になる.

これがいわゆる固有振動数 ω_n であり, この振幅 x は無限大に至る.

減衰定数 c が無視できない場合は, 次のようになる.

$$X/W(s) = 1 / (ms^2 + cs + k) \qquad (5)$$

$$\therefore X/W(j\omega) = 1 / (- m\omega^2 + jc\omega + k)$$
$$= 1 / \sqrt{(k - m\omega^2)^2 + (c\omega)^2}$$
$$\times \tan^{-1} \{ (c\omega / (k - m\omega^2) \} \qquad (6)$$

たとえば, フライスの切れ刃ピッチを l_t mm, 切削速度を v (m/min) とすれば, 断続切削によって生じる切削力変動の基本振動数 f_t Hz は,

$$f_t = v \times 10^3 / 60 l_t \qquad (7)$$

切れ刃ピッチは, フライスの種類や大きさによってやや異なるが, 標準的には $l_t = 20 \sim 30$mm である.

超硬フライスで軟鋼を切削する場合, v = 50 ～ 150m/min 程度であるから,

$$f_t = (50 \sim 150) \times 10^3 / 60 (20 \sim 30) = 27.8 \sim 125 \text{Hz}$$

一方, ハイス製フライスで軟鋼を切削する場合, v = 30m/min 程度であるから,

$$f_t = 30 \times 10^3 / 60 (20 \sim 30) = 16.7 \sim 25 \text{Hz}$$

となる.

しかし, フライス盤や横中ぐり盤では問題となる共振振動数が数十 Hz から 200 ～ 300Hz の間にあることが多いため, 超硬フライスを用いる場合は断続切削が機械の共振を発生させ得るので, 注意すべきである.

ハイス製フライスの場合は, 機械全体のロッキングモードを励起することがあるが, 加工精度上はあまり問題とはならない. むしろ, アルミニウムの加工などで切削速度を高くできる場合に, 超硬フライスの場合と同じ問題が起こる.

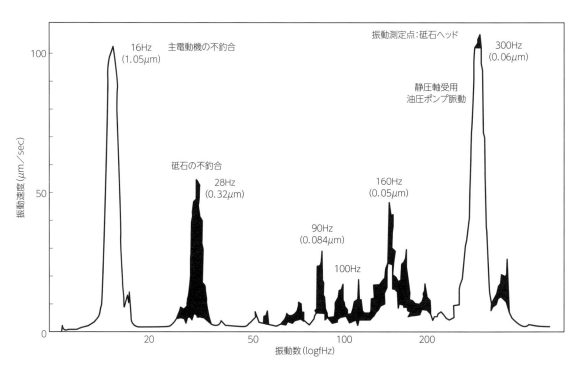

図12.2　平面研削盤の擾乱の周波数解析例

これらの対策は，切削速度 v や切れ刃ピッチ l_t を変更して，断続切削の振動数 f_t（式（7）参照）が固有振動数 f_n と一致しないようにすればよい．

Q12-2 超硬フライスを使い切削速度 v ＝ 100m/min で加工する場合，発生する強制振動周波数はどれだけか，この影響を最小化するために機械の振動特性をどのようにすべきか考えてみよう．

12.3 変位型の強制攪乱

機械の要素が駆動されていると何らかの変動力が作用し，たとえば主軸の回転に対して表 12.1 の強制振動源と振動数が予想される．

一方，良く仕上げられた加工面を 1 回だけごく軽切削条件で切削したときに，明確なピッチ m mm のびびりマークが見られ，それに対応する振動数，

$$f_f = v \times 10^3 / m \ \mathrm{Hz}$$

が，表 12.1 のように予想した強制振動数のいずれか 1 つに一致しているときは，このびびりは変位型の強制攪乱によるものと考えられる．仕上げ切削（研削）時に現われるびびりの多くは，このタイプのものである．

加工面上に複数のびびりマークが重畳したり，あるいはピッチを正確に把握できないが表面粗さの低下がみられる場合は，多少手間はかかるが無負荷運転時の攪乱 $D_d(t)$ をピックアップし，それを周波数分析する必要がある．

それには，周波数分析装置を用いて $D_d(t)$ を直接分析する方法と，$D_d(t)$ の自己相関数からパワースペクトル密度をコンピュータ解析する方法がある．前者は容易に実施できるが測定機器が高価で，後者は測定は簡単だが解析に時間がかかる．一例として，図 12.2 に平面研削盤の無負荷運転時の振動を周波数分析した結果を，図 12.3 に心なし研削盤の攪乱振動のパワースペクトル密度を示す．

どちらの方法を取るにせよ，振動エネルギーの大きい振動数を摘出でき，それらを表 12.1 のようにリストアップした振動数と対比すれば，攪乱源を高い確度で推定できる．さらに，それぞれの攪乱振幅も求めることができるため，防振対策上い

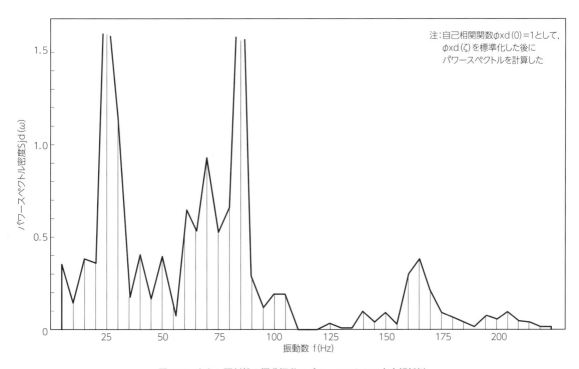

図12.3　心なし研削盤の攪乱振動のパワースペクトル密度解析例

ずれの要素に手を加えれば最も効果的かも明白になる.

Q12-3 図12.3の心なし研削盤の擾乱パワースペクトル密度解析によれば，25Hzと85Hzに明確なピークが見られる．これらの発生要因を考えてみよう.

Q12-4 砥石車の直径D_g＝400mm，質量W_g＝8kgの場合，擾乱分類（表12.2）がA級になるための静剛性はどうなるだろう.

12.4 研削盤の砥石不平衡

強制擾乱は微小といえども必ず存在するため，無負荷運転時の擾乱振幅によって各種工作機械の等級付けをする試みもあった．とくに研削盤については，砥石と工作物間の擾乱変位振幅によって等級分けしている．たとえば，振りが400mm以下の小型，中型円筒研削盤を4等級に分類し，それぞれに対して許容される擾乱変位の全振幅$2|Dd(j\omega)|$を表12.2のように提案している.

擾乱源には表12.1に示したようにいろいろなものが考えられるが，とくに研削盤では砥石の不平衡が重要である．そこで，砥石不平衡に対する研削盤の特性については，次に規定する不平衡量wの下で発生する砥石—工作物間の相対振動が，表12.2の許容値内に入っていなければならないとしている.

$w = 0.001W_gD_g$

ただし，W_g：砥石車の重量
D_g：砥石車の直径

このとき発生する不平衡力F_uは，

$$F_u = w(2\pi N_g)^2 / g$$
$$= 0.004W_gv_g^2 / gD_g \tag{8}$$

表12.2 円筒研削盤の4等級擾乱分類

等　級	O	A	B	C
$2|D_d(j\omega)|$	0.5	1	2	5μm

ただし，v_g：砥石周速

砥石軸系の動リセプタンスを$G_m(s) / k_m$とすれば，不平衡力F_uによる振動変位x_uは，

$$x_u = \frac{G_m(s)}{k_m} F_u \tag{9}$$

在来の研削盤では，$v_g = 30 \times 10^3$mm/s程度だから，式(8)は

$$F_u \fallingdotseq 400W_g / D_g \tag{10}$$

一方，砥石回転速度N_gは1,000〜3,000min^{-1}（17〜50Hz）で，砥石軸系の固有振動数は普通これよりはるかに高いから，動リセプタンス$G_m(s)$／k_mを静リセプタンス1／k_mで代替できる.

この場合，式(9)，式(10)から，

$$2x_u = 2F_u / k_m$$
$$= 800W_g / D_gk_m$$

たとえば，ある研削盤では，$D_g = \phi$400mm，$W_g = 8k_g$で回転中の砥石軸系の静剛性は，$k_m = 6$kg/μmだった.

$$\therefore 2x_u = 800 \times 8 / 400 \times 6 = 2.7\mu m$$

となるから，表12.2から砥石不平衡に対するこの研削盤の特性は「C級」であることがわかる.

式(8)によれば，同一の不平衡量を規定したときの不平衡力は，周速の2乗に比例する．そこで，最近の高速研削盤が在来型と同一等級であるためには，静剛性を周速の増加の2乗倍にしなければならない.

たとえば，$v_g = 60$m/sの高速研削盤では，静剛性を従来の4倍にしなければならず，実際の設計上は非常に難しい問題になる．そこで最近は，不平衡自体を除去するという考えから，すぐれた砥石自動平衡装置がいくつか開発・実用化されている.

一方，砥石不平衡などによる擾乱変位がある程度存在しても，加工精度には影響しない条件で研削することが考えられる．たとえば，びびりのピッチが非常に細かくなるように，工作物の周速を極端に低くすれば，砥石の円周面が加工面に幾何学的に干渉して，振動が加工精度を阻害しないようにできる.

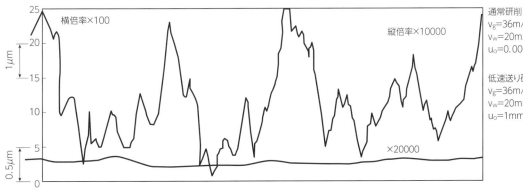

図12.4　クリープフィード研削の仕上げ面例

試作した超低速送り平面研削盤（クリープフィード研削盤）[1]の場合，工作物周速を通常の1/1,000程度の10mm/minにすることが可能で，同じ強制擾乱が作用していても加工精度を著しく向上できる（図12.4）．このような研削方法は，精密研削盤が進むべき1つの方向と思われるが，実用化にあたっては研削熱や砥石の損耗にとくに留意しなければならない．

参考文献

1) Y.Furukawa, et al, Selection of Creep Feed
Grinding Condition, p213, Vol.28-1,Annuals CIRP1979

13.　自励振動の発生原理

（前加工時のうねりが現加工時に影響して発生する再生びびりが大半）

「自励振動」は，機械や装置に強制的な振動源がなくても，そのメカニズムのなかに自己発生的に振動が生まれ，それによって振動が発生・継続する現象である．

とくに加工における自励振動は，旋盤加工で発生することがよく知られ，現場用語から「びびり」と呼ばれることが多く，これを英語では'chatter'といい，両者を複合して「自励びびり振動」とか'self-excited chatter vibration'と合体した言葉で呼ぶことも多いが，原理的には同じ内容である．

機械加工の場合の自励振動は，「スティックスリップ現象」（摩擦振動）と，時間遅れ系による自励振動などがある．

13.1　加工系の解析

まず，最も単純な単一切れ刃による「プランジ旋削」過程について考えよう．加工中に振動が発生している場合，一般的には工具も工作物も同時に振動するが，図13.1では工作物だけが（X）方向に振動x(t)すると単純化している．

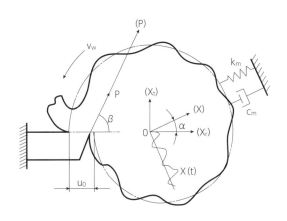

図13.1　切削加工系のモデル

振動方向（X）は，一般的には切削力の作用方向（P）*や切込み変化方向（Xr）とは一致せず，（Xr）に対して（X）は∠α，（P）は∠βをなしているとすれば，振動 x（t）の（Xr）方向性分は次式で表わせる．

$$x_r(t) = x(t) \cos \alpha \qquad (1)$$

振動 $x_r(t)$ が生じている場合，加工面にも $x_r(t)$ の軌跡と等しい「うねり」$r_\omega(t)$ が創成されるとは限らないが，ここでは $x_r(t) \fallingdotseq r_\omega(t)$ として簡略化しよう．

さて，現在よりも工作物 1 回転前，すなわち現在の時刻を t とすれば，時刻（t − T）のときにも同様に振動が生じていたとすれば，その振動を $x_r(t − T)$ と表示でき，前述したようにこの振動は加工面のうねり $r_\omega(t − T)$ として残留している．ただし，T は工作物 1 回転の周期を示す．

工作物 1 回転あたりの工具台の平均切込み送りを $u_0(t)$ とすれば，振動を考慮したときの現在の実切込み変化 u（t）は，図 13.1 から次のように求められる．

$$u(t) = \{r_\omega(t − T) − r_\omega(t)\}$$
$$\fallingdotseq u_0(t) + x_r(t − T) − x_r(t) \qquad (2)$$

このように，プランジ切削では前回の切削時に形成されたうねりが，現在の切込み変化にそのまま再生されるので，これを「再生効果」（Regenerative Effect）と呼んでいる．

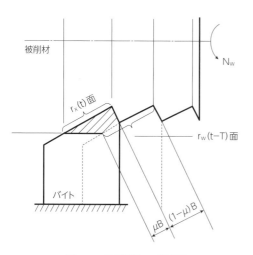

図13.2　重畳係数 μ の説明図

一方，「トラバース切削」では，前回切削時に形成されたうねりの一部が今回の切込み変化に影響し（図 13.2），その比率を「重畳係数」μ で表わせば，

$$u(t) = u_0(t) + \mu \, r_\omega(t − T) − r_\omega(t)$$
$$\fallingdotseq u_0(t) + \mu \, x_r(t − T) − x_r(t) \qquad (3)$$

これを時間 t に関してラプラス変換すれば，

$$u(s) = u_0(s) + (\mu \, e^{−Ts} − 1) x_r(s) \qquad (4)$$

ただし，s はラプラス演算子を示す．式（3）または（4）によれば，$\mu = 1$ の再生効果が 100% 作用するときは，式（2）のプランジ切削の場合に対応し，$\mu = 0$ の再生効果がまったく作用しないときは，角ねじの切削やねじ切りに対応する．普通のトラバース切削では，$0 < \mu < 1$ となる．

後述するように，$\mu = 0$ で再生効果が作用しない場合でも，発生し得る自励振動を「1 次びびり」と呼び，$0 < \mu \leqq 1$ で再生効果が主因となって発生する自励振動を「再生びびり」と呼んでいる．

さて，静的切削力が切込み深さにほぼ比例するという現象を，振動発生時の動的切削力 p（t）にも適用すれば，

$$p(t) = k_c u(t)$$
$$= k_c{}^* B u(t) \qquad (5)$$

ただし，

k_c：単位切込みあたりに働く切削力（切削剛性）

$k_c{}^*$：単位切削幅あたりの切削剛性で，$k_c{}^*$ の接線成分が従来の比切削抵抗

B ：切削幅

これまでの研究では，ほとんどの場合，式（5）を基に解析しているが，これでは実際の現象を十分に説明できない．

そこで，ここでは振動発生時の動的切削力は，切込み深さの変動 u（t）ばかりでなく，トバイアス（Tobias）の報告にあるように，工作物 1 回転あたりの切込み速度の変動

$$dr = \frac{1}{N_\omega} \frac{d}{dt} x_r(t)$$

や，切削速度の変動

　（＊以降の解析では，「静的（平均）切削力」の作用方向と「動的（変動）切削力の作用方向」とは一致すると仮定した）

$$dv = \frac{d}{dt} x_t(t)$$

にも依存するとして，次のように表示できる．

$$p(t) = k_c u(t) + k_p \frac{1}{N_\omega} \frac{d}{dt} x_r(t) + k_v \frac{d}{dt} x_t(t)$$

これをラプラス変換して，

$$p(s) = k_c u(s) + k_p \frac{1}{N_\omega} s x_r(s) + k_v s x_t(s) \qquad (7)$$

ただし，k_p：切込み送り係数
$\qquad\quad k_v$：切削速度係数

式(7)の右辺第2項は，振動数 $s = j\omega$ が高く回転速度 N_ω が低いほど，切削に伴う減衰力が大きく働くことを示している．

すなわち，この条件では加工面に形成されるうねりのピッチが短くなり，切れ刃の2番が被削材を擦りやすいため，大きな減衰力を生むものと考えられる．

ここで，右辺第3項は普通無視できるが，振動数 $s = j\omega$ が極端に高い場合は（たとえばバイト自体の振動），切削速度が大幅に変動するため注意が必要である．

動的切削力が作用すれば，工具と工作物間に振動 $x(s)$ が誘起される．

p(s)の(X)方向成分を考慮すれば，

$$x(s) = \frac{G_{res}(s)}{k_{res}} p(s) \cos(\beta - \alpha) \qquad (8)$$

ただし，$G_{res}(s)/k_{res}$ は，工具―工作物間の(X)方向振動のしやすさ，すなわち「動リセプタンス」である．

切込み変化方向および切削速度方向の振動変位，それぞれ $x_r(s)$ と $x_t(s)$ は，図13.1から次のように表わされる．

$$\left.\begin{array}{l} x_r(s) = \dfrac{G_{res}(s)}{k_{res}} \cos\alpha \cos(\beta - \alpha) p(s) \\[2em] x_t(s) = \dfrac{G_{res}(s)}{k_{res}} \sin\alpha \cos(\beta - \alpha) p(s) \end{array}\right\} \quad (9)$$

上式で，$\cos\alpha \cos(\beta - \alpha) \equiv d_r$，および $\sin\alpha \cos(\beta - \alpha) \equiv d_t$ とおき，これらを「方位係数」と呼んでいる．

式(4)，(7)，(8)および(9)をまとめて，切削加工系を1つのブロック線図に統合したものが図13.3である．

Q13-1 図13.3の各ブロックの成立について，それぞれ説明しよう．

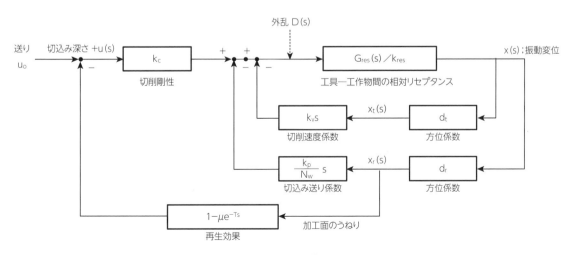

図13.3　切削加工系のブロック線図

研削加工の振動も切削の場合とほぼ同様に解析できるが，現象的には大いに異なる場合がある．

これは主に，切削では工具と工作物間の接触変形 x_{con} は，切込み深さの変動 $u(s)$ に比べて微少で無視できるのに，研削では無視できないので，次に定義する砥石の接触剛性 k_{con} を考慮しなければならないためである．

$$k_{con} = p \diagup x_{con}$$

したがって，研削の振動解析では，図 13.3 のブロック線図でリセプタンス $G_{res}(s) \diagup k_{res}$ を次ののように置き換えればよい．

$$\frac{G_{res}(s)}{k_{res}} = \frac{G_{res}(s)}{k_{res}} + \frac{1}{k_{con}} \tag{10}$$

このように考えれば，図 13.3 を用いて切削あるいは研削の振動を一般的に解析できる．

Q13-2 研削の場合，切削と異なる点は何か，整理して説明しよう．

13.2　スティックスリップ現象

黒板にチョークで線を引こうとするとき，腕を引くときは安定しているが，逆に腕を押すようにするときはバタバタっとなり，チョークがテンテンテンとなってしまうことを子供の頃に経験したであろう．

思い出してみると，線を引く速度によってテンテンテンの幅が変化し，速度が低いと"テーン，テーン"と比較的長い距離でチョークが飛び，線が描けないが，速度が速いと"テン，テン，テン"と短い間隔でチョークが飛び，きれいな点線が描けるのである．

チョークの場合は点線を引く技術の 1 つとして価値もあるが，まったく同じ現象が，直線を削り出す目的のシェーパやプレーナを用いた平削りで発生する場合には問題が発生する．

この原理の詳細は省略するが，基本的には工具切れ刃と被削材間の静摩擦が「スティックスリッ

プ」の発生要因であり，これを抑止するためには，静止摩擦係数をできるだけ小さくしなければならない．実際には，切れ刃を鋭利にし，大半のスティックスリップの発生を抑止できる．

Q13-3 白墨で直線を板書するとき，テンテンと白墨が弾んで点線が書けてしまう．この現象はスティックスリップである．これを解析してみよう．

13.3　1 次自励びびり振動の発生機構とその対策

前に定義したように「1 次びびり」とは，再生効果が作用しない場合にも発生し得る自励振動であるから，図 13.3 のブロック線図で $\mu = 0$ として解析すればよい．

このようにすれば，1 次びびりだけの特性を再生びびりから分離して抽出できるだろう．もちろん，$\mu \neq 0$ の場合にもこの振動が発生し得ることを忘れてはならない．

$\mu = 0$ としたときの切削加工系の特性方程式は，図 13.3 から，

$$1 + \frac{G_{res}(s)}{k_{res}} \left\{ \left(k_c + \frac{k_p}{N_\omega} s \right) d_r + k_v d_t s \right\} \tag{11}$$

と与えられる．

特性方程式を 0 とおいたときの根 $s = \sigma + j\omega$ で $\sigma = 0$ の場合が安定限界である．したがって，

$$1 + \frac{G_{res}(s)}{k_{res}} \left\{ \left(k_c + \frac{k_p}{N_\omega} s \right) d_r + k_v d_t s \right\} = 0 \tag{12}$$

$s = j\omega$ とおいて上式を周波数領域に戻し，移項すれば，次式を得る．

$$\frac{G_{res}}{k_{res}}(j\omega) = -\frac{1}{k_c d_r} \cdot \frac{1}{1 + \frac{k_p d_r/N_\omega + k_v d_t}{k_c d_r} j\omega} \tag{13}$$

上式が満足されると 1 次びびりが発生し，それには次の 3 つの可能性が上げられる．

Q13-4 旋削加工で1次びびりが発生する要因を
ブロック線図から説明しよう.

13.3.1 切削力の垂下特性による自励振動

　式(13)で,切削剛性 kc および切込み送り係数
k_p は,ともに正の実数である.一方,切削速度
と切削力の間には,一般的に**図 13.4**のような垂
下特性が認められ,この傾向は粘い低炭素鋼のほ
うが高炭素鋼の場合よりも著しい.

　このように,中高速切削域では切削速度係数
$k_v = \delta p / \delta v$ は負の実数となるため,切削速度
の変動に伴って負の粘性抵抗が働く.動的切削状
態下でも定性的には同様な関係が成り立つだろう
から,式(13)で

$$\frac{k_p}{N_\omega} d_r + k_v d_t < 0 \tag{14}$$

となる場合が考えられる.

　このとき,式(13)の右辺は1次遅れ要素となり,
そのベクトル軌跡は**図 13.5**のようになる.

　この軌跡は一般に「リセプタンス」$G_{res}(j\omega)$
／k_{res} の軌跡と交差し,交点上の振動数 ω が互い
に等しいときは式(13)が満足され,自励振動が発
生する.

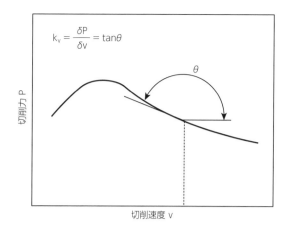

$$k_v = \frac{\delta P}{\delta v} = \tan\theta$$

図13.4　切削速度が切削力に及ぼす影響

　方位係数 d_r が小さく d_t が大きいときに式(14)
が満足されやすく,すなわちこのことは,式(9)
を参照すれば工具―工作物間が上下方向に振動す
ることを表わしている.

　一方,$k_v \ll k_c$ だから,図13.5で2軌跡の交点
上の振動数 ω_c はかなり高くなければならず.普
通は数百 Hz 以上になる.

　これら2つの条件を考え合わせると,この種の
自励振動はバイトだけが甲高いびびり音とともに
上下方向に振動する,いわゆる旋削や中ぐりで経
験するバイトのびびりである.

　このびびりの発生を抑制するには,式(14)が成

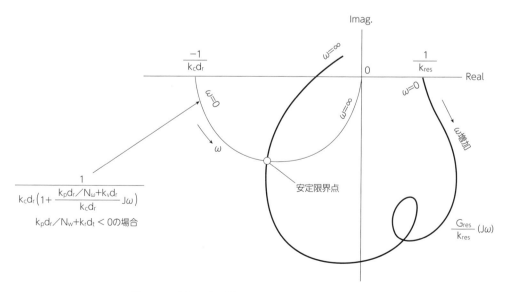

図13.5　切削力の垂下特性による自励振動に関する安定解析法

立しないようにすればよい. そこで, $k_v \geqq 0$ になるまで切削速度を低くするか, 中高速切削域では工具すくい角を大きめにすれば, 負の $|k_v|$ が小さくなり, 同時に切れ刃2番が被削材を軽く擦るようにすれば, k_p を大きくできる.

また, バイトの突出し長さを短くして共振振動数を増すか, ばねバイトを用いて逆に共振振動数を大幅に減らすかして, 図13.5の2軌跡の交点上の振動数が合致しないようにするのも, 防振対策上有効である.

Q13-5 旋削加工でのびびりの大半は13.4の再生型自励振動によるが, 現象的に工具に起因する数百Hz以上の自励振動は, 本項による場合が多い. 実際に旋削加工をして, これを経験してみよう.

Q13-6 切削工具を角柱で支持する場合があるとき, 工具がほぼ同一の振動数で振動方向が90°異なった方向で振動するが, それが原因で自励振動が発生することを解析しよう (13.3.2参照).

13.3.2 モード連成による自励振動

この振動は, 2つ以上の振動モードが互いに連成されて発生する自励振動である. とくに図13.6に示す横中ぐり軸モデルのように, 振動質量は1つであるが軸断面に異方性がある自由度系

で発生しやすい.

その理由は, 加工中に工具が $\overrightarrow{ABA}$ の楕円軌道に沿って振動しているとすれば, $\overrightarrow{AB}$ 間では切込みに比例した小さな切削力が工具の振動を抑止しようと作用するのに対して, $\overrightarrow{BA}$ 間では大きな切削力が振動を増幅させるため, 1サイクル中に蓄えられる振動エネルギーが正となって自励振動が発生するためである.

式(13)の逆関数を考え, 適宜移項すれば,

$$\frac{k_{res}}{G_{res}}(j\omega) + \left(\frac{k_p}{N_\omega}d_r + k_v d_t\right)j\omega = -k_c d_r$$

上式の左辺, すなわち切削過程の減衰項を含めた動剛性を $k_{res}/G_{res}'(j\omega)$ とおけば, 安定限界方程式は次のように表わせる.

$$\frac{G_{res}'}{k_{res}}(j\omega) = -\frac{1}{k_c d_r} \tag{15}$$

2自由度系以上では左辺のベクトル軌跡が負の実軸を切ることがあり (図13.7), 一方, 切削剛性 kc を大きくしてゆき (切削幅を増すことに対応する), $-1/k_c d_r$ がこれに一致するときが安定限界であり, そこでは次の式が成立する.

$$k_c = \frac{k_{m2} - k_{m1}}{d_{r1} - d_{r2} + 2\sqrt{-d_{r1}d_{r2}}} \tag{16}$$

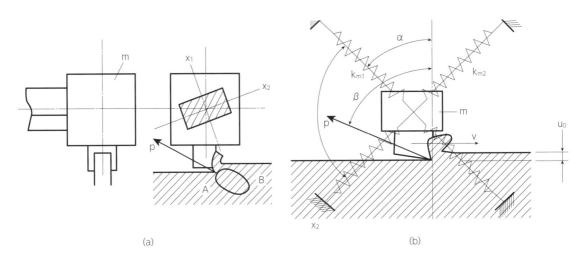

(a)　　　　　　　(b)

図13.6　モード連成による自励振動の発生機構

ただし，$d_{r1} = \cos\alpha\cos(\beta-\alpha)$，$d_{r2} = -\sin\alpha\sin(\beta-\alpha)$ で，k_{m1} と k_{m2} はモード1と2の方向の静剛性を示す．

これから明らかなように，2つのモード間の静剛性の差が小さいほど安定切削幅は小さくなり，静剛性が完全に等しい場合は常に不安定にもなる．

換言すれば，モード方向は異なるが共振振動数が互いに接近している多自由度振動系では，2つのモードが連成されて同様な自励振動が発生する可能性がある．

その安定化対策としては，モード間の静剛性（共振振動数に対応）に差を持たせることや，また方位係数によって安定領域が大きく異なるため，$(d_{r1} - d_{r2} + 2\sqrt{-d_{r1}d_{r2}})$ が最小となる位置に工具を取り付けるようにする（図13.6で，(X_1) と (X_2) に対する工具の位置 (X_r) の設定）．

この工具の取付け位置は，再生びびりの発生限界にも影響するため，両者の影響を考慮して最適な取付け位置を決定すべきである．

13.3.3 切削力の時間遅れ特性による自励振動

図13.3のブロック線図では，切削力は切込みの変化に伴って直ちに変化するとしてきたが，土井，加藤らの研究によれば，切削力は切込みの変化に対して一定の時間遅れ h 後に応答することが実験的に確かめられている．

この場合は，図13.3で切削剛性 k_c のブロックを

$$k_c e^{-hs} \tag{17}$$

とおいて解析すればよい．

これをテーラー展開すれば，

$$k_c e^{-hs} = k_c \left\{ 1 - \frac{hs}{1!} + \frac{(hs)^2}{2!} - \frac{(hs)^3}{3!} + \cdots \right\} \tag{18}$$

右辺第2項は振動速度に依存しており，これはすでに示した切込み係数 $k_p s/N_\omega$ に対応するものと考えられるが，$-hs$ が系を不安定化させるのに対して，$k_p s/N_\omega$ は安定化させる点が大きく異なる．

式(18)を式(15)に代入して安定限界を求めれば，

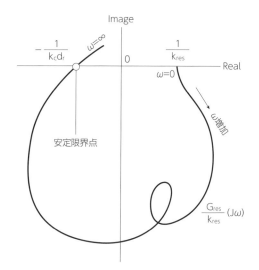

図13.7　モード連成による自励振動に関する安定解析法

$$\frac{G_{res}'}{k_{res}}(j\omega) = -\frac{1}{k_c e^{-hj\omega}d_r} \tag{19}$$

図 13.8 に示すように，右辺のベクトル軌跡は半径 $1/k_c d_r$ の円弧になるため，これが $G_{res}'(j\omega)/k_{res}$ の軌跡と接しない間は絶対に安定である．

両軌跡が交差するまで切削剛性を増加させていき，しかも交点上の振動数が互いに等しいときに自励振動が発生する．

1自由度系に対しては，リセプタンスが最大となる振動数 $\omega_n\sqrt{1-2\zeta^2}$ でびびりが発生する．このびびりでは，工具—工作物間が切込み変化方向に振動するだろう．

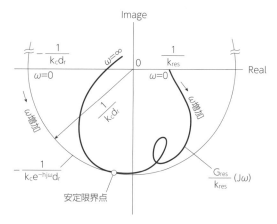

図13.8　切削力の時間遅れによる自励振動の安定解析法

この発生を抑制するには，切削剛性を小さくするか，工具の切込み角を変えて方位係数を小さくして，図13.8の2つのベクトル軌跡が交わらないようにする．あるいは時間遅れhを小さくして交点上の振動数が合致しないようにする．

土井によれば，軟鋼切削のように切りくずが塑性変形で形成される「流れ型」の場合に時間遅れhが存在し，このタイプのびびりが発生しやすいが，鋳鉄切削のように「亀裂型」切りくずが生成される場合は，hは存在しない．

しかも，hは未変形切りくず厚さと切りくず厚さの比が大きいほど小さくなるため，工具すくい角を大きくしてこの比を小さくし，びびりの発生を抑制できる．

Q13-7 旋削加工では，前の加工面が現在の切込みにまったく影響しない場合でも，たとえばねじ切りのときにびびりが発生することがある．この要因を整理してみよう．

13.4 再生型自励びびり振動の発生機構

13.4.1 自励振動の発生機構

「再生びびり」は，前回切削した面を再び削ることで発生する自励振動であり，図13.3のブロック線図の$\mu \neq 0$の場合である．

再生びびりの特徴を抽出するために$\mu = 1$のプランジ切削の場合を考えれば，びびりの発生限界は特性方程式を0とおいた次式で得られる．

$$1 + \frac{G_{res}(s)}{k_{res}} \left\{ k_c d_r (1 - e^{-Ts}) + \frac{k_p}{N_\omega} d_s s + k_v d_t s \right\} = 0 \tag{20}$$

$s = j\omega$とおき，しかも式(19)の形を用いれば，上式は次のように表わせる．

$$\frac{G_{res}{}'}{k_{res}} (j\omega) = -\frac{1}{k_c d_r (1 - e^{-Tj\omega})} \tag{21}$$

図13.9のように，右辺のベクトル軌跡は$-1/2 k_c d_r$を通り虚軸に平行な線であり，これが$G_{res}{}'(j\omega) / k_{res}$の軌跡と交わらない間は絶対に安定である．2軌跡が交わり，しかも交点上の振動数が互いに等しいとき，初めて安定不安定限界となる．

この発生機構を認識したうえで，次に加工系を安定化させる具体的な対策を検討しよう．

13.4.2 切削条件の変更による安定化

図13.10は，切削剛性k_cと工作物の回転周期Tを変数にとり，式(21)を解析した典型例である．これから明らかなように，臨界の切削剛性k_{cmin}以下では加工系は安定であり，しかも低速切削域では安定領域が広い．

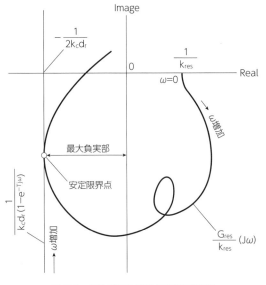

図13.9 再生びびりに関する安定解析法

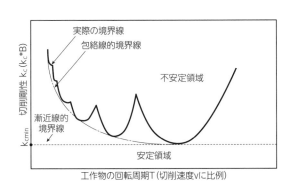

図13.10 再生びびりの典型的な安定限界線図

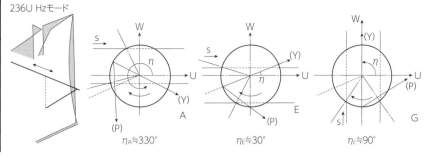

実験条件	η	限界切込み深さ(t_{lim}) mm	びびり振動数(f_{lim}) c/sec
A	330	12.5	250
B	345	12.5	253
C	0	11.3	250
D	15	10.0	248
E	30	8.6	248
F	60	>15	
G	190	>15	
H	120	>15	

切削試験の結果

236U Hzモード

$\eta_A \fallingdotseq 330°$　　$\eta_E \fallingdotseq 30°$　　$\eta_C \fallingdotseq 90°$

図13.11　平面フライス作業における工作物の配置による安定限界の違い[2]

そのため, 自励びびり振動の発生を抑制するには以下の対策が必要である.

① 工具の種類や形状, 加工材料の被削性の改善などで比切削剛性 $k_c{}^*$ を小さくする.

② 切削幅 B (トラバース切削では設定切込みに対応) を小さくして切削剛性 k_c を低減する.

③ 切削速度の高速化でうねりの再生をなくし安定化させる.

などの対策によって, 再生びびりの発生を抑えられる.

一方, 切込み (トラバース研削では送り) が小さ過ぎると k_c が大きくなる傾向にあり, びびりやすくなる. 工具逃げ面が被削材を軽く擦るようにすれば切込み送り係数 k_p を大きくでき, 安定領域を拡大できる.

Q13-8 旋盤加工で突切り切削の場合, 再生型自励びびりが起こる機構について解析的に説明しよう.

Q13-9 式 (21) が安定限界式である. これを図示して具体的に説明しよう.

13.4.3　方位係数の変更による安定化

図13.9から明らかなように, 方位係数 $d_r = 0$ なら, $-1 / k_{cdr}(1 - e^{-Tj\omega})$ のベクトル軌跡は $-\infty$ になり, 絶対に $G_{res}{}'(j\omega) / k_{res}$ の軌跡と交わらないため, 加工系は常に安定する.

式 (9) によれば, $dr = \cos\alpha \cos(\beta - \alpha)$ であ

るから, 振動方向 (X) と切込み変化方向 (Xr) とが直交, すなわち $\angle \alpha = 90°$ か, あるいは振動方向 (X) と切削力の作用方向 (P) とが直交, すなわち $\angle(\beta - \alpha) = 90°$ のいずれか1つの条件が満足するように工具と工作物を配置すれば, 加工系は絶対安定となる.

図13.11は, 正面フライス加工での工作物の配置と安定性の関係を示したものである. 正面フライス盤は, 普通はテーブル長手方向に主な振動モードがあり, 図では $\eta_G = 90°$ になる位置に工作物を取り付けたほうが, $\eta_E = 30°$ の場合の約2倍安定性が増すことがわかる.

旋盤による外丸削りでは, 工作物が曲げ振動することがよくある. この場合, 振動モード方向が工作物軸に垂直な面内にあるため, バイトの切込み角を90°にすれば, 方位係数 $d_r = 0$ とするこ

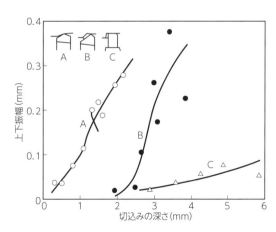

図13.12　バイトの形状とびびりの振幅[2]

とができ，著しく安定性を向上できる（図13.12）.

一方，中ぐり軸のように軸断面に異方性を持つ2自由度系では，2つの方位係数 d_{r1} と d_{r2} を同時に考慮して工具の最適取付け位置を決定すべきである.

その最適取付け位置を決めるにあたっては，先のモード連成による自励振動の発生限界も合わせて考慮しなければならない.

Q13-10 各種切削技術に固有の幾何学と加工機械の動特性との関連で，自励びびり振動の発生を抑制できることを各機械に対して説明しよう.

13.4.4 再生効果の変更による安定化

再生びびりが発生する本質的な原因は，図13.3のブロック線図から考えると，工作物1回転前に創成されたうねりが，常に同じ位相差 $\angle e^{-Tj\omega}$ で現在の切込みにフィードバックされることに起因する.

したがって，工作物（あるいは工具）の回転周期 T ないし自励振動数 ω を外部から強制的に変動させれば，再生びびりの原理が成り立たないようにで

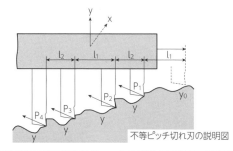

不等ピッチ切れ刃の説明図

不等ピッチフライス

通常のフライス

図13.13　不等ピッチフライスの例

き，その結果，加工系を安定化できると考えられる.

たとえば，図13.13に示す不規則ピッチフライスでは切れ刃が不等間隔にあるため，1切れ刃前に創成されたうねりが次の切れ刃に及ぼす位相差を不規則的にし，結果的に工具の回転周期 T を変動させたのと同じ効果が得られる. この場合，ピッチ ℓ_1 と ℓ_2 を次のように設計すれば，最も効果的である.

$$\ell_1 - \ell_2 = vn \diagup 2f_{Gmin}$$

ただし，v：切削速度，n：1, 3, 5, …, f_{Gmin}：リセプタンスが最大負実部を持つ振動数で，固有振動数で近似できる.

上式から明らかなように，不規則ピッチフライスは，フライス盤の主要な固有振動数と切削速度に対して特別に設計した場合に限り，再生びびりの抑制上著しい効果があるが，その他の条件で用いる場合にはあまり効果はない.

これと同様な考えで，最近では旋削加工で被削材の回転速度を sin 波状に変動させたり，研削加工で砥石の回転速度を段階上に変動させるなどにより，再生びびりの抑制に効果を上げている.

自励振動数 ω を変動させてびびりを抑制する対策としては，たとえば共振振動数が異なる2つ以上の工具で1つの加工面を同時に切削して（旋削で1つのバイトは通常の工具台を用い，他の1つは反対側で逆バイトで使用するなど），ω を半周期ずつ異なるようにするなどがある.

13.4.5 工具の動特性の変更による安定化

図13.9のように，工具—工作物間の相対リセプタンスの最大負実部 $Re_{max}G_{res}'(j\omega) \diagup k_{res}$ が小さいほど，安定切削領域は広くなる. このためには，工作機械本体の動特性を高めることが重要なのはもちろんであるが，工具の動特性を変更する方法もある.

たとえば，当該のびびり振動数近くでは静剛性 k_t で近似できる工具を使う場合，工具—工作物間の相対動リセプタンスを次のように表わすことができる.

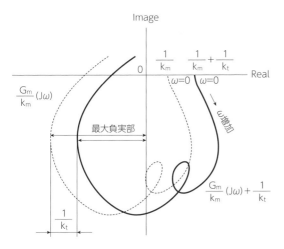

図13.14 工具の剛性による総合リセプタンスの変化

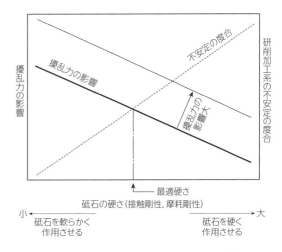

図13.15 びびりの発生を考慮した砥石の選択法

$$\frac{G_{res}}{k_{res}}(j\,\omega) = \frac{G_m}{k_m}(j\,\omega) + \frac{1}{k_t} \qquad (22)$$

ただし，$G_m(j\omega)／k_m$は，工作機械本体の動リセプタンスである．

図13.14は上式のベクトル軌跡であり，相対リセプタンスは工具の静リセプタンス$1/k_t$分だけ実軸上を右側に移動し，その分だけ安定領域が増すのがわかる．たとえば，ばねバイトのようにその静剛性k_tが小さい工具を使えば，それまで発生していた再生びびりを抑制することができる．

このように工具については，剛性が低いほど安定性が増すといった普通の概念とは逆の結果になるが，ここで注意しなければならないことは，この方法は当該のびびりが機械本体ないしは工作物の振動モードだけに関連して発生する200〜300Hz以下の場合に限って有効であり，工具の動特性が関連する再生びびりに対しては効果がないことである．

また，安定性を高めるために剛性の低い工具を用いると，工具の弾性変形によって寸法精度を出しにくくなる点にも注意が必要である．

Q13-11　旋削で切削工具の静剛性を低くすると自励びびり振動が発生しにくくなることを理論的に説明しよう．

研削加工の場合も，砥石の「接触剛性」k_{con}（式(10)参照）を変えることで同様な効果が得られる．接触剛性は砥石の結合度に対応するため，結合度が低いほど再生びびりの安定化対策上は好ましいが，逆にこの場合，加工中に存在する擾乱によって砥石自体が不均一に損耗し，不安定な振動が発生しやすくなる（図13.15）．

そこで，両者の影響が交差する最適硬さの砥石を使用すべきで，剛性が低くガタのある研削盤には硬い砥石を，剛性が高く擾乱の小さい研削盤では軟らかめの砥石を使用するのが好ましい．

Q13-12　研削盤の自励びびりの発生を抑制するには，研削砥石の選択が重要である．その理由を理論的に説明しよう．

13.4.6　自励びびり振動の適応制御

作業開始時には再生びびりが発生していなかったものが，工具摩耗などで加工の途中から再生びびりが発生することがある．長時間の作業のなかで，いつ，どのような場合に再生びびりが発生するかを正確に予想するのはおそらく困難であるから，再生びびりの発生に対応してこれを抑制することが望ましい．

この傾向は，工作機械の無人化に伴ってますます重要になっている．たとえば，著者が開発した

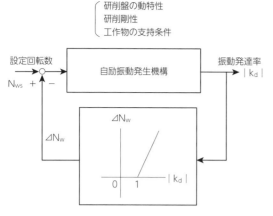

研削盤の動特性
研削剛性
工作物の支持条件

設定回転数　N_{ws}　自励振動発生機構　振動発達率　$|k_d|$

$⊿N_w$

$⊿N_w$

0　1　$|k_d|$

図13.16　びびり抑制のための適応制御機構

適応制御システムでは，再生びびりが発生し始めたときに工作物回転速度を自動的にわずかに減速させ，工作物1回転ごとに発生するうねりの位相差をなくすようにしている．

このようにすれば，うねりによる切込み変動を抑制でき，その結果，加工系を安定化できる．この原理を心なし研削盤に適用して研削試験を行なったところ，制御系の応答特性を適切に選択すれば，再生びびりの発生を完全に抑制できた．

これ以外にも，アクティブダンパを用いたびびりの適応制御などが開発されている．

Q13-13 　加工における「自励びびり振動」といっても，その発生要因はさまざまである．したがって，相当の経験がないと発生原因を間違える可能性が高い．加工における自励びびり振動の発生要因を一覧表に整理して対策を検討してみよう．

参考文献

1) S.A.Tobias:Machine Tool Vibration, Blackie (1965)
2) F.Koenigsberger & J.Tlusty:Machine Tool Structure, Pergamon Press (1970), 工作機械の力学，塩崎，中野訳．養賢堂(1972)

14.　加工システムの熱変形原理（切削点での熱発生が加工精度に及ぼす影響）

ここでは，加工システムの熱変形が加工精度に及ぼす影響についてみていく．

工作機械の熱による変形は，機械の精度を維持するうえできわめて重要である．工場温度は朝晩で変化し，機械全体を熱変形させ，加工精度に大きく影響する．それゆえ，熱変形防止のために数多くの研究がなされ，実用化されてきた．それらを整理すると次のようである．

①コンクリートなど熱変形率が小さい材料を使う．最近では熱変形率ゼロの材料が開発，実用されつつある．

②工作機械を設置する工場を恒温状態に保ち，機械自体の熱変形を防止する．

③工作機械を対称構造とし，熱変形が生じても加工点には影響しないように設計する．

④熱発生をやむを得ないものとしたうえで，それを防ぐための冷却を行なう対策を取る．

14.1　熱源を計測・補正する

私たちは日常生活のなかで，室温（温度）が上がると物体が膨張することを知っている．身近では，灯油が温度上昇によって膨張する性質を利用して，赤く染めた灯油を細管に入れて温度を計測する温度計がある．

昔はアルコールを使用したため「アルコール温度計」と呼んでいたが，アルコールは沸点が低く高温では使えないため，それが灯油に変わった．

さらに広範囲の温度を正確に測る目的で，純粋にするのが容易で，濡らさず，広範囲（-38.8～356.6℃）で使用できる「水銀温度計」が使われている．しかし，水銀温度計では加工機械や加工点の温度を直接計測できないため，現在は「熱電対」を用いて計測している．その原理は，1821年にドイツの物理学者トーマス・ゼーベックが発見し

たもので(「ゼーベック効果」),一般的には次のように説明されている.

異なる2種の金属の線の両端を互いにつないで回路をつくり,2つの接点の間に温度差を与えると,起電力(電圧)が生じる.

そこで,接点の一端(冷接点)の温度がわかっていれば,ゼーベック効果による起電力の電圧を測定して,既知の起電力表と対比することで他端(熱接点)の温度がわかる.冷接点温度は,水の氷点温度を利用したり,機器内部の温度計測システムで知ることができる.

なお,冷接点は基準となる温度であり,熱接点は測定対象に接した側の接点である.低温の測定対象物の場合,実際の測定では冷接点側の温度が熱接点側の温度より高い.

Q14-1 ゼーベック効果について図示して解説してみよう.

14.2 熱変形の原因は何か

加工機械全体の熱変形を知ることと,加工点の熱変形を知ることとは問題が別の場合が多いので,ここでは分けて考える.

14.2.1 熱変形率ゼロの材料の活用

熱源があると普通の物体は熱膨張するが,特別な物体は熱収縮するものもある.その研究は盛んに行なわれてきたが,熱膨張と熱収縮が同等であり,結果として熱膨張・収縮がゼロの金属は「インバー」(invar,「アンバー」,不変鋼)が知られていて,1897年にスイス人物理学者シャルル・エドゥアール・ギョームが,Fe-36Ni 合金で次のインバー特性を発見した.

インバー = Fe,Ni35%

線膨張率 = 1.2×10^{-6}

スーパーインバー = Fe,Ni32%,Co4%

線膨張率 = 0.0

その後になり,ステンレスインバー,Fe-Pt 合

金,Fe-Pd 合金などが発明され,今日に至っている.しかし,いずれも高価なために工作機械主要部材に一部採用されてきた実例はあるが,構造本体には適用されていない.

そこで最近,低熱膨張の鋳物やセラミックが開発されてきているが,まだ本格的な構造材としては使用されていない.むしろ,精密コンクリートを本体構造材料として活用することが費用—効果の観点から先行する可能性が高いと考えられ,ヤマザキマザックなどのマシニングセンタに事例があるが,まだ本格的採用には至っていない.

Q14-2 工作機械の主要構造材料としては,これまでは鋳物や鋼が用いられてきたが,これに代替する材料として精密コンクリートが期待されている.その特性について調査してみよう.

14.2.2 工場内温度湿度管理

夜間休止している工場の場合,朝の機械始動時に30分程度の無負荷運転をし,工作機械全体の温度が安定化してから作業に入るのが普通である.

もちろん,昼夜連続作業ならこの必要はなくなる.たとえば,ファナックの工場は1か月を超える長期連続運転するため,工作機械の温度は常に安定している.日本では,年間温度差が最大で30℃程度はあるので,次のような工場管理が一般的である.

・高度な温度管理工場の場合:季節により温度20〜27℃,湿度40〜70% RH に保つ.具体的には,冬場の季節温度22℃±2℃程度.

・超高度な温度管理工場の場合:工場を地下化ないしは半地下化とし,1年を通して16〜20℃と安定している地下温度を活用し,一定温度湿度に管理する.具体的には,1年を通して21〜23℃に維持するなど.

実例としては,ヤマザキマザックの組立工場は半地下化して無窓・恒温工場とし,工場床から10m までの高さを±1℃に温度制御している(図14.1).

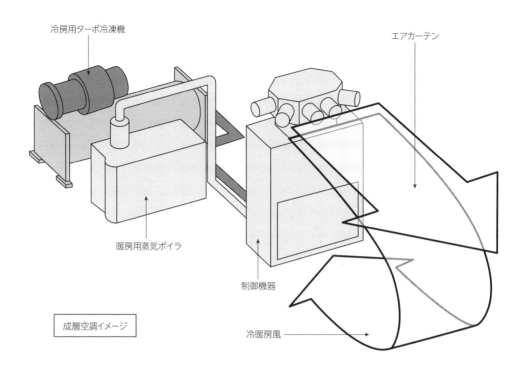

冷房用ターボ冷凍機

エアカーテン

暖房用蒸気ボイラ

制御機器

成層空調イメージ

冷暖房風

図14.1　ヤマザキマザックの工場温度制御システム(ヤマザキマザック)

Q14-3　**工場内を温度管理するときの配慮すべき事項をまとめてみよう.**

14.2.3　加工機械の温度管理

前項でみたように，工場内温度をいかに一定に保っても，室温の変化は避けられず，そのために工作(加工)機械は必ず熱変形する.

したがって，次のような対策を考えることが重要である.

・熱変形自体を最小化する

・熱変形が発生しても加工点への影響を最小化する

①工作(加工)機械の熱変形対策

機械自体は運動を創出するためにモータなどの駆動体を内部に持っているので，駆動体の熱発生が少ないものを選択すること，その配置を機械の対称点に配置し，熱変形が生じても加工誤差には影響しないようにすることなどが重要である.

かつて，国の大型プロジェクトで熱膨張係数0の金属を加工機械用素材として用いる研究が試み

られたが，コストや製造上の問題から当時は実用されなかった.

ただ，一般化にはまだ時間がかかるとはいえ，現在は市販の低熱膨張素材が一部で使用され始め，最近は切削主軸近くを低熱膨張材料化する事例もみられ，いずれは広く使用される傾向にはある.

②熱変形が加工点への影響を最小化する対策

「有限要素技術」(FEM)を活用して，加工機械の熱変形を予測することは可能である.超精密加工の場合，試作した全セラッミックス製直動加工機械を用いて中国の女性研究者が学位論文にまとめたのは30年以上前のことであった(10.3参照).

それらの解析によれば，切削加工では切削に伴って熱が発生し，それが熱変形を起こして仕上がり精度に影響する.切削点温度は数百℃にまで上昇するので，この熱分が必ず仕上がり精度に影響することになるとした.

現在では有限要素法解析が一般化し，安価で使いやすくなったので，これを活用して熱変形の基

本を押さえておくことは重要である.

Q14-4 FEMによる熱変形解析を試みてみよう.

14.2.4 加工機械本体の熱変形抑止
①加工機械自体, モータなどの駆動体を内部に持つため, 駆動体の熱発生が少ないものを選択すること.

②その配置を機械の対称点に配置し, 熱変形が生じても加工誤差には影響しないようにすること.

が重要である. 熱変形が加工点に与える影響を最小化するための構造設計に関しては, 先の有限要素法を活用すべきであろう.

15. 加工機械の数値制御原理(現在の加工機械の大半は制御されている)

"制御とは何か"について工学者の大半はそれなりに理解しているが, 『大辞林』(三省堂)によれば, 制御の定義として「機械・装置などを目的とする状態に保つために, 適当な操作を加えること」となっている.

ただし, "目的とする状態"といっても, 位置・形状といった幾何学的制御や温度・湿度などの環境制御, 物性などの物理的制御, その他装置の運転に関する複雑・多数の制御対象が存在する.

ある目的に適合するように, 対象となるものに所要の操作を加えることを一般的に「制御」というが, この操作を人間の判断によって行なうときは「手動制御」(manual control), 制御装置が自動的に判断して操作を行なうときには「自動制御」(automatic control)という.

現在, ほとんどの加工機械は自動制御されている, ここでは, その制御の基本原理について理解してほしい.

Q15-1 たとえばパンを食べるとき, 人の体はどのような制御をしているかまとめてみよう.

15.1 自動制御と数値制御

多数の工学的な自動制御にあって, 加工学では「数値制御」(Numerical Control = NC)はきわめて重要で, これは目的とする動作を数値情報で指令する制御方式のことである.

NCは, 一般的には次のようにいえる.

「従来のように工作機械の操作をハンドルやレバーを手で動かしたり, カムを使わず記憶媒体上で符号化されたコマンド(命令)群で抽象的にプログラムし, 自動制御することである」.

世界最初のNC工作機械は, パンチテープの穴を数値として読み取りシステムに入力することで, 工作機械の動作をモータで制御するよう改造したもので, 1940年代から1950年代に構築された.

これら初期のサーボ機構にアナログコンピュータやデジタルコンピュータが付属されて強化され, 「コンピュータ数値制御」(Computer Numerical Control = CNC)工作機械となり, 設計加工工程を一新させた.

元来はアメリカのパーソンズが発明したものだが, その後, マサチュセッツ工科大学(MIT)で開発することになり, パーソンズは1952年5月5日に「工作機械の位置取りのための電動機制御装置」という特許を申請し, MITが1952年8月14日に申請した「数値制御サーボ機構」の特許と衝突したが, パーソンズの特許は1958年1月14日,「US Patent 2,820,187」として発効している.

ここで「サーボ」という言葉が出てくるが, これは"servo", つまりその語源はラテン語の

'servus'（奴隷）からきていて,「指示した通りに仕事をする召使い」のことである.

語源的には適切ではないが, 今日, サーボ制御は「対象物を思い通りに制御できること」として一般用語として使用されている.

1章の「形状の創成原理」で解説したように,「機械加工とは素材を目的の形状に仕上げること」にあり, その目的のために人々はいろいろな経験を積み上げてきたが, その大半が今日, 数値制御化されている.

そのようなことから, 加工学は数値制御から始めてもよいのではないかとの意見があるが, 数値制御に依存しすぎると, 本来の加工の目的, 原理, さらには目的の形状創成が不可能な場合の対応に関しての考えが不明になってしまう.

そのような立場から, 数値制御の基本をとらえてほしい.

Q15-2 「数値制御でどんな形状でも加工できる」と信じ込むと, 究極の形状は決して創成できないことをまとめてみよう.

15.2 数値制御の原理

元来, 作業者は形状を適切な能率でつくり出すことに使命感を感じて加工技術を開発してきた. その長い歴史に立って, 1940年代から複雑な形状をいかに自動処理できるかが課題になり, 数値制御あるいはサーボ制御が開発されてきた.

その後, コンピュータ技術の進展に伴い, 数値制御技術も進展してきたが, その原理は開発時とは変わっていない.

すなわち, **図15.1**に示すように, 被削材と工具間の相対距離をいかに制御し, 目的の形状を創出するかである. 当然のことながら, 数値制御の進展に伴って, 形状の精度向上に加え加工能率向上が付加されたのは当然である.

工作物の不要部分を除去して目的の形状に仕上げるには, 工作物と工具間の相対的位置および切削速度の設定が不可欠で, 相対的位置に関しては工具台の位置を送りねじで設定し, 切削速度に関しては主軸回転速度を選定して加工してきた.

これら2つの作業は, 加工技術者の経験に基づいて行なってきたが, この経験値を基準にして工作機械を自動化できないかが課題であった.

まず, 旋削加工で現在の直径Dを直径D'に縮小加工する場合を想定する. 手動加工を想定した場合, 工具の突出し精度は1/1000mm, すなわち1μmまで行なえるのが今日の最高値である.

仮に工作物の最大径が100mmと想定したとき, 100mmを1μmまで加工する, すなわち1μm/100mm＝10^{-5}の分解能が必要である.

これを行なうために加工技術者は, 送りねじを微妙に操作してきたのである. この操作を自動化するにはどうすべきかが数値制御の目的であり, 図15.1のように, 少なくとも10^{-5}の範囲で位置を制御できる自動機構を開発しなければならなかったのである.

具体的には, 当初はパルスモータを用いて1パルスで1μm駆動できる開発設計を行なってきたが, やがてそれがDCサーボモータに代わり, 現在ではACサーボモータが大半である.

たとえば, 現在の工作物直径が100.000mmであるものを直径50.000mmに縮小しようとするとき, 工具台を50.000mm／2＝25.000mmだけ切り込まなくてはならない.

1パルスで1μm直進できるならば, 合計で2万5000パルス指令し, 工具台を移動すれば良いのである.

NC装置は, 2万5000パルスの入力を得るとこれをパルスモータに伝送し, パルスモータは2万5000パルス分だけ, すなわち25.000mmだけ直進して停止し, その位置で旋削加工が開始される. 結果として工作物は, 直径50.000mmに加工されるはずである.

しかし, 実際の仕上がりの直径精度は50.000mmではなく, 相当の誤差が発生する. この誤差発生要因に関して, 従来から膨大な研究がなされてき

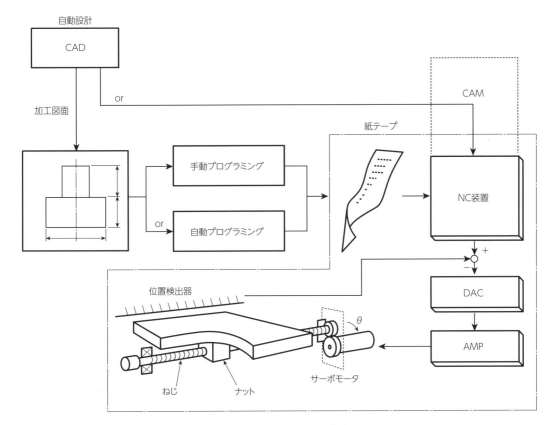

自動設計
CAD

加工図面

or

CAM

紙テープ

手動プログラミング

or

自動プログラミング

NC装置

位置検出器

θ

サーボモータ

ねじ

ナット

DAC

AMP

図15.1　NC加工システムの概念

ているので，この方面の研究を志す人は十分に調査しなければならない．

　次に，同じ旋削加工でも仕上がり断面を創成する場合，たとえば断面を円錐状に加工する場合を考える．この場合，図15.1に示したように，工具を切込み方向（X方向）だけではなく，軸方向（Y方向）も制御しなくてはならない．

　最も単純なのは，円柱面のテーパ加工である．$Y = aX$ の形式で，傾き a で加工することになり，工具台の X 位置に合わせて Y 位置を 2 軸制御することになる．実際には $Y_1 = aX_1$，$Y_2 = aX_2 \cdots$ のように，数万個のデータに分解して制御することになる．

　テーパ加工が可能になれば，次は X の変化に伴って a も変化させていけば，任意の断面形状が得られることになる．

　こうした旋削加工における 2 次元 NC を立形フライス盤に適用すれば，任意形状の断面が作成で

きることになる．

　これらを高度に発展させたものが，今日，実用されている「ターニングセンタ」と「マシニングセンタ」である．

Q15-3　パルスモータとは何か，その動作原理をまとめてみよう．

Q15-4　数値制御の原理についてまとめてみよう．工作機械の数値制御では，ロボットの数値制御とどこが同じで何が異なるかを整理しよう．

15.3　数値制御（CNC）の実際

　NC は，最近では数値制御機構の中央処理部をマイコンに置き換えているものが多く，「CNC」とも呼ばれる．

　図15.1 のように，1 個のパルス電圧で一定の角

度 $\Delta\theta$ だけ回転する電気・機械系を構成する．10パルス入力すれば $10\,\Delta\theta$ 回転し，また，単位時間あたりのパルス数（PPS）を大きく取れば高速に，小さく取れば低速に制御できる．

必要に応じて，モータの回転をボールねじ・ナット機構などで直線運動に変換する．この機構を x，y，z の 3 軸に適用すれば，空間内の 3 方向の運動を自在に制御できるようになる．現在は，各種の回転角度も制御する「5 自由度」（5 軸）が広く活用されている．

類似の機構を工作機械やロボットに応用し，実際にそれらをプログラム制御する．つまり，加工対象の部品図やロボットの運動経路が与えられたとき，特定の言語を用いてプログラムし，初期は紙テープなどに穴をあけて NC 装置に指令していたが，その後は磁気テープやディスクに代わった．

この工程を「プログラミング」と呼ぶが，その後プログラム要員が膨大になるなどの問題になり，そのために「自動プログラミング」が開発され，たとえば「APT」（Automatically Programmed Tool），さらにその発展型としての「EXAPT」（Extended APT）として一般的になっている．

加工図面やロボットの経路は，人間が理解しやすいように「10 進法」で描かれているが，たとえば紙テープの場合は読取り用のパンチ穴がある

かないかのいずれかである．つまり，紙テープとその読取り装置は「2 進法」で処理され，NC 装置は 2 進法の指令を 10 進法に変換し，サーボモータを指令・制御する 2 進化 10 進法を基本機能としている．

このような CNC を活用することで，1 度プログラミングすれば同一動作を繰り返し行なえ，同種の機械を設備する工場であればどこにでも同じプログラムを転送して同じ作業ができ，これまでは熟練技能者に頼っていた作業を自動化できるようになる．

さらに，従来は手動による加工がきわめて難しかったプロペラのようなきわめて複雑な多次元形状も，プログラム制御によって創成することができ，数多くのメリットが生まれている．

Q15-5 2 進化 10 進法についてまとめ，具体的に数値 1 を 5 まで増やしていくとき，1 ステップを 0.1 とした場合の進行を 2 進化 10 進で記述してみよう．

Q15-6 工具の自動プログラミング（APT）について原理を調べ，記述してみよう．

16. 加工システムの構成原理（セルからFMS）

機械加工の加工原理，そこで発生する諸現象の発生原理，形状を創成するための工作機械の設計原理などについてみてきた．

1970 年代までの工場は，異なった加工機能，たとえば軸物を切削する旋盤，角物を切削するフライス盤などをそれぞれ複数台集合し，総合的な加工機能を創出していくのが一般的であった．

町工場であれば，異なった機能の工作機械を複数台設置し，社長が社員に加工仕事を振り分ける

のが一般的だったし，大手工場ならば軸物を一貫して加工する旋削ラインや，角物を一貫して加工するフライスラインなどが設備され稼働してきた．

しかし，1970 年代になると，先進国では豊かさが増し，個人消費も同じものを選ぶのではなく，各人の好みで選択する方向に変化してきた．車を例に取っても，1913 年のアメリカ・フォード社の「T 型フォード」に代表される一定形状や色彩のものから，個人の要望に合ったデザインが重視

され始めた.

日本の場合は,トヨタ「カローラ」や日産「サニー」の時代である.その市場変化に対応すべく,生産システムも従来の量産方式とは異なった志向,すなわち基本は類似でも,エンジン容量や外観,色合いが異なる車種を効率良くつくらなければならない時代に入ってきた.従来の「量産ライン」が,多彩なものをつくれる「多様化ライン」に少しずつ変化してきたのである.

その結果,それまでの固定的生産機能を見直さなければならなくなり,少しずつではあるが多様化を求め始めた.

著者がイギリスに滞在していた1970年代にこのような方向性が明確になり,当時のエンジニアたちはこの方針を「FMS」(Flexible Manufacturing Systems)と呼称し始め,その後日本ではさらに拡張した工場全体の自動化を目指した「FA」(Factory Automation)へと展開し,今では国際用語としても認められるようになった.

しかし,工場と企業ビジネス全体を結び付けるという概念から,「CIM」(Computer Integrated Manufacturing)のほうが,より幅広い範囲を含んでいるといえよう.

同一の仕様と性能を持つ機械を多数個製造することで生産能率が飛躍したのは,先のT型乗用車の量産に始まる.

それまで1台のエンジンを組み上げるのに,必要な部品を同じ場所に運んで組み立てていたのに対して,「トランスファライン」(Transfer Line)上をエンジンが流れ,部品が組み付けられていく"流れ生産"が開始された.

以来,この「流れ生産方式」は,高品質の製品を安く供給するための基幹となり,この方式の基本は今日でも変わらない.

しかし,1980年代になると先進国社会は成熟期に入り,商品は十分に供給されるようになった.その結果,新規の需要は,単に車の機能を購入する時代から個人の好みによって選択し,購入する時代に入った.いわば,同一高機能製品よりも,個別高機能製品が求められる「多様化時代」である.この傾向は,2000年代に入り韓国や中国,さらに東南アジアやインドにも及んでいる.

同時に顧客は,その嗜好に合った製品を特定の期日に求めているため,最終製品メーカーは顧客の望む期日に合わせて特定の製品を出荷しなければならない.ところが日本の生産形態は,その従業員総数の70%以上が中小下請企業に属していることからもわかるように,親企業→下請という構造である.したがって,下請企業としては多種高品質な部品やユニットを短期間で親企業に納入しなければならない.

一方,社会の高度化,成熟化に伴い,人間を直接肉体労働から解放しようとする動きが活発化した.これは,一面には労働者の高齢化,高学歴化が進んだこともあり,先進諸国の一般的な傾向である.

このような社会的要望のなかで,日本製品が国際的にも十分な競争力を持つことが求められ,賃金アップによって生産の自動化,省力化がいっそう強く求められている.

また,2000年代からの韓国,中国,ASEAN諸国,インドなどの発展によって,日本の製造業はアメリカに次いでこれら諸国で現地生産する方向に変わってきている.

Q16-1 FAやCIMの具体事例を挙げ,その概要をまとめてみよう.

16.1 FA化の背景

図16.1の上部に,ニーズの多様化と生産の自動化への要望としてまとめた.すなわち今日では,1913年に始まった流れ生産,量産の時代から,多品種中小量生産の自動化と,これらの海外展開への時代に移行してきている.

FAを支える技術としては,マイクロコンピュータを始めとするエレクトロニクス技術による部分が多い.というのは,単純な機械式自動化

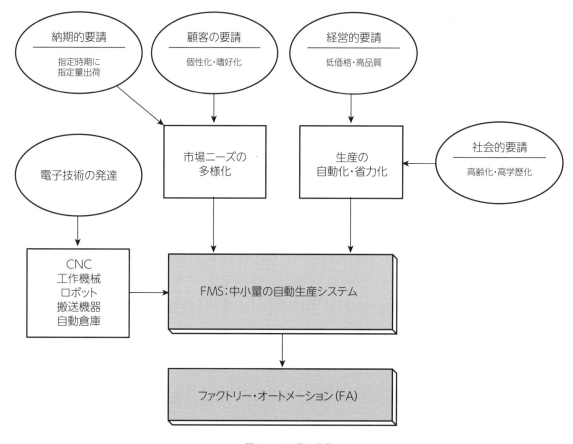

図16.1　FA化の背景

は同一動作を繰り返す量産設備にはきわめて有効だったが，複数の動作を行なう非量産設備には，運動機構は同じでもプログラムだけ変更して多種の動作をさせる方式が不可欠で，前者を「ハード・オートメーション」，後者を「ソフト・オートメーション」と呼んでいる．

　ソフト・オートメーションを司る機械として，ロボットを想定してみよう．Aの位置からBの位置にものを移すとき，かつては機械的にコマなどで位置決めし，その同じ動作の繰返ししかできなかった．しかし，ロボットだとプログラムを変えるだけでAからB，AからCのように動作を可変にできる．これを，「融通性，柔軟性がある」，つまり，「フレキシブル」（Flexible）であると呼ぶ．

　このように，多様な要求を効率良く処理できる多品種中小量生産方式を，先のようにFMSと呼んでいる．FMSをさらに高度化した概念として

FAがあるが，これは日本が考案した英語で，欧米ではFactoryではなく"Flexible Automation"とか，コンピュータを用いた生産情報の統合化に重点を置いた表現として，先のCIMが一般的だった．その後，フランスを中心に議論され，FAも国際用語として認められた．

16.2　機械加工用FMC

　「FMC」（Flexible Machining Cell）は，文字通り訳せば「柔軟な加工室」であるが，一般的にはFMCあるいは「加工セル」と呼ばれる．

　一般の工作機械を用いて加工する場合，作業者は図16.2(a)に示す作業を次の順序で行なう．

　①段取り

　②工作物の取付け

　③工具の設定（必要に応じて工具交換）

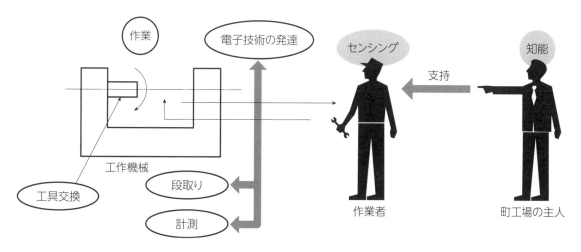

図16.2 (a)　汎用機械による加工作業（ファナック）

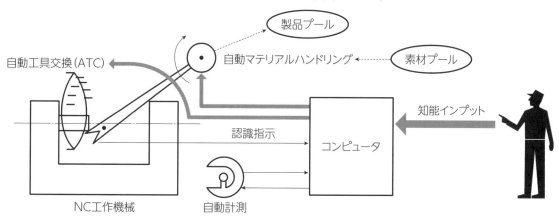

図16.2 (b)　自動加工セルによる加工作業（ファナック）

④機械の操作（加工）

⑤寸法と精度の計測

⑥工作物の取外し

　作業者は，ここでどのように加工するかを考え，手動で機械を操作して実作業を行ない，どのような仕事にも対応している．

　このように，作業者が汎用工作機械を使って行なう加工を自動化したものが，**図 16.2** (b) に示す FMC である．ここでは，作業者の思考や判断の過程を CNC に置き換え，さらに作業者の直接労働を，「自動取付け・自動取外し」（Automatic Material Handling = AMH），「CNC 自動加工」，「自動工具交換」（Automatic Tool Change = ATC），さらに自動計測に代替させる．

　あらかじめ加工に必要な加工プログラム，工作物，工具を準備しておけば，夜間でもプログラムされた種々の仕上がり形状に自動的に加工できる．このような構成を FMC といい，実際には**図 16.3** のように CNC 旋盤にロボットによる工作物自動交換装置を付加したものや，**図 16.4** のようにマシニングセンタにパレットによる工作物自動交換装置を付加したものなどがよく使われる．

　単純な CNC 工作機械に比べて，自動工具交換装置など余分な投資が必要になるが，FMC は 1 台 1 台独立しているので，FMS に比べて初期投資はかなり少ない．このことが，中小企業でも FMC を設備できる要因になっている．

Q16-2　機械加工用 FMC の事例を調査し，その利害をまとめてみよう．

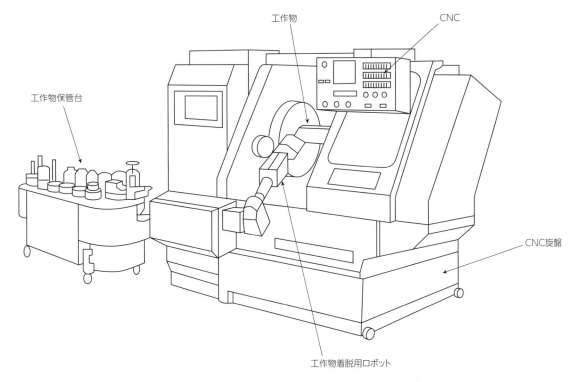

工作物

CNC

工作物保管台

CNC旋盤

工作物着脱用ロボット

図16.3　軸物加工用FMCの構成（日刊工業新聞社「FMC入門」）

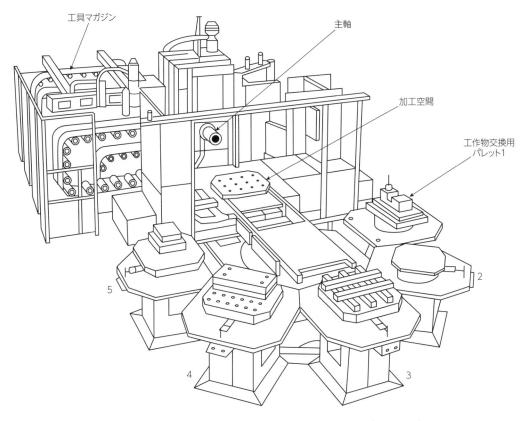

工具マガジン

主軸

加工空間

工作物交換用
パレット1

5

2

4

3

図16.4　マシニングセンタによるFMCの構成（日刊工業新聞社「FMC入門」）

16.3 機械加工用FMS

機械加工用FMCの場合は，ATCとAMHを利用することで1台の機械で種々の機械加工が可能になった．しかし，1台の機械の加工能力は限定される．そこで，同種または異種のCNC工作機械，あるいはFMCを組み合わせることで，機械群，FMC群としての総合加工能力を拡大することが行なわれる．

機械間，あるいはFMC間で工作物を搬送するために，「コンベア」，「軌道付き搬送車」，「自動誘導搬送車」（Automatically Guided Vehicle = AGV）などが使われる．とくにAGVは，単に工作物だけでなく，治具や工具の運搬にも使われる．また，工作物や治工具，中間加工品などを保管するために，「自動倉庫」を利用する場合も多い．

このように，CNC工作機械（またはFMC）と自動倉庫の間を搬送車で結び，1つのシステムを形成する．

加工，搬送，保管というこれら3つの異なる機能を，全体としてどのように作動させ，調和を取るか，いわゆる「管理と制御」がコンピュータによって統合されて初めてFMSを構成できる．

図16.5は，異種のマシニングセンタで構成されるFMSを示したもの．中央のFMSコンピュータが生産計画に基づいて各機械を管理し，各機械は管理情報により動作制御される．各CNC工作機械の運動は，FMSコンピュータから送られるNC情報により直接制御（DNC）され，NC情報のプログラムを交換するだけで多種の加工ができる．

このように，FMSを利用すれば多種の部品を必要なときに必要な量だけ自動加工できるが，当然ながら特定のFMSの機能はある範囲に限定されるため，多様加工向きで融通性はあるといっても万能ではない．

たとえば，図16.5のシステムは工作機械の部品を加工するために開発され，そこで加工される部品の種類は約550である．もし，同じ部品を単にマシニングセンタを配置しただけの従来型工場で加工した場合，両工場間の能力を比較したもの

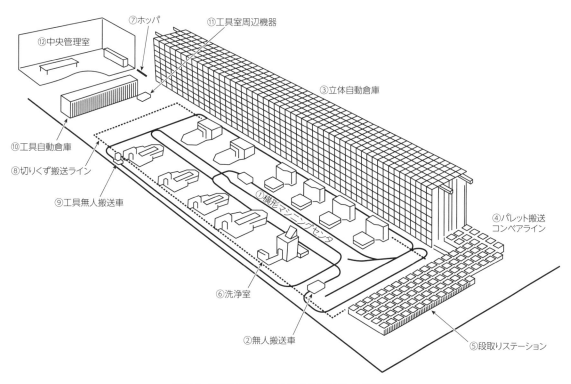

図16.5 機械加工用FMSの構成（牧野フライス製作所）

表16.1　FMS導入による効果

	FMS	従来	割合
マシニングセンタ台数(台)	10	16	0.63
人員(人) 段取り プログラマー＋監視員 合計	5 4	16 (2交替) 5	0.43
保有工数(時間/月)	4,920	5,084	0.97
稼働率(%)	93	64	1.45
稼働時間(時間/月)	4,576	3,254	1.41

が，表16.1である．FMSを採用することで，所要機械台数と人員を削減でき，機械稼働率も向上することがわかる．

Q16-3　FMCとFMSの相違点は何か，それを具体事例で示そう．

16.4　自動組立への適用

これまでみてきたような主に機械加工に用いられてきた"柔軟性・融通性"の考えかたを，自動

組立分野に拡大しようという動きが出てきた．しかし，工具と工作物間の相対運動を制御することで目的とする部品形状を創成できる加工に比べて，相対運動を制御し，かつ「挿入」，「圧入」，「ねじ締め」，「ピン打ち」など多種の作業を伴う組立工程は，はるかに複雑である．そのため，機械加工に比べればかなり柔軟性の低いシステムしか存在しない．しかし，最近ではこれを打破できる組立ロボットが使われている．

組立用FMCは，加工用の場合と同様に特定の組立小室内に組立用ハンドと組立工具が備えられていて，これらが組立ソフトウェアプログラムの指示で自動組立を行なうセルである（図16.6）．

工具は必要に応じて交換される．また，組立用ロボットと部品搬送装置を結び，プログラム制御するシステムの場合も組立用FMCと呼ぶ．

最近は，「組立用FMS」と呼ぶシステムも登場している．ただし，"フレキシブル"といっても機械加工に比べればその範囲は限定され，同種の製品やユニットでも寸法などが少しずつ異なるものを自動組立する場合が多い．そこで，対象物と

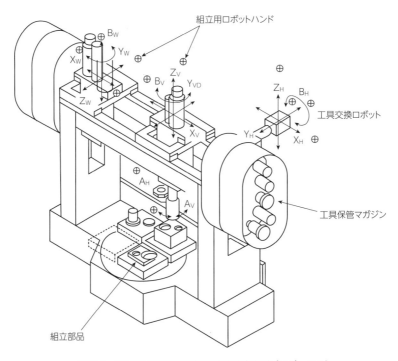

図16.6　組立用FMCの構成(旧通商産業省大型プロジェクト)

写真16.1　モータ自動組立用FMC（ファナック）

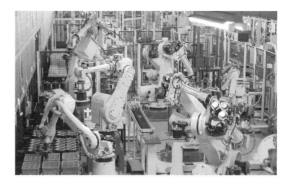

写真16.2　最近のサーボモータ自動組立工場（ファナック）

してはやや量産型の製品が多い．

　写真 16.1 は，モータの自動組立工場の例である．ここでは，約 40 種のモータ（総部品数約 900）を自動組立する．ロットサイズ（まとめて生産する個数）は，20 〜 1,000 程度の範囲にある．

　モータ部品の組立作業には，配線やカップリングの組付けなどロボット化しにくい箇所があり，従来これらは人手作業に委ねられていたが，最近は自動化が進み，この工場にはモータ部品加工用 FMS が併設され，加工から組立，性能検査，梱包までが一貫処理されている．

　表 16.2 は，このシステム導入前後の作業者数や生産性などを比較しているが，作業者 1 人あたりの生産性は約 3.5 倍に向上していることがわかる．

　写真 16.2 は，最近のサーボモータ自動組立工場である．

`Q16-4`　組立の自動化を推進するうえでの問題点を整理し，それが組立用FMSにつながっていったことをまとめよう．

16.5　FA，CIMシステム

　製品の生産には，「設計」，「製造」，「生産管理」の 3 要素が不可欠であるが，これまでは製造の自動化手法として FMS を概説した．しかし，設計，生産管理に伴う情報もコンピュータ処理し，3 者間の情報を相互に連携させれば，工場の自動化は一段と進む．

　設計者がコンピュータと対話しながら設計を進めていくシステムを「CAD」（Computer Aided Design）という．CAD は，基本的な図形や従来の設計図がデータベースに蓄積されていて，設計者は必要な情報を呼び出して相互に組み合わせたり，新たな図形を加えることで，新しい設計をすばやく達成できる．

　また，複雑な曲面体の断面図や回転図など，これまでは設計者の能力では困難と思われた作業も，CAD を活用することで容易に処理できるようになった．

　さらに，CAD で創成した部品の図形情報は，基本的には NC 加工情報と同一である．NC 加工などコンピュータの支援による生産を「CAM」（Computer Aided Manufacturing）と呼び，両者を結合させた「CAD/CAM」が一般的である．

　何をいつどれだけつくるかの生産計画に基づいて，システムの動きを管理することも重要で，最近は「MIS」（Management Information System）としてコンピュータ処理する．MIS を含め，そ

表16.2　モータ自動組立用FMSの経済効果（ファナック）

	作業者数（人）	ロボット使用台数（台）	モータ生産台数モータ生産金額（台/億円・月）	生産性（台/人・月）
導入前	82	32	6,000/10	73.1
導入後	39	115	10,000/16	256

の他工場内の事務情報も統括して，工場部門の「OA」(Office Automation)と呼ぶこともある．

FA の定義は，これまでみてきた FMS，CAD/CAM，および工場部門の OA を統合的にコンピュータ化する工場ととらえてよいだろう．つまり，図16.7 に示すように，生産のハードウェア機能は素材から性能検査まで一貫して FMS 化され，これらの FMS を制御するために CAD/CAM と生産管理が利用されるものである．

FA と同一の概念を，コンピュータによって生産情報を処理するという観点から表現したものが CIM であるが，今日では CIM のほうが一般的かつ広範に用いられている．

さらに最近では，経営と CIM を一体化し，企業の製造方針と製造現場を一体化する動きが活発になっている．

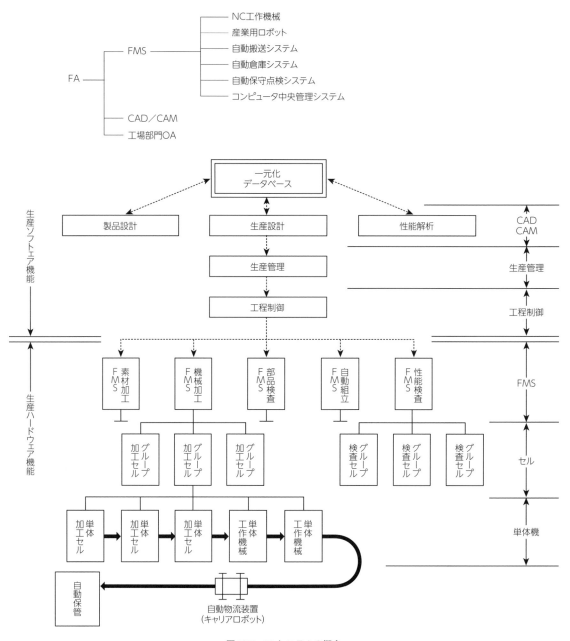

図16.7　FA システムの概念

86

受注から出荷までを一貫して行なえる生産システムは，製造業の国際化のなかでどのように役立つだろうか，意見をまとめよう.

16.6 国家プロジェクトFMSCと 国際プロジェクトIMS

著者がイギリス滞在中，依頼を受けてFMSの現地調査を行ない，帰国後の1977～1984年までの間に，日本初の国家プロジェクト「超高性能レーザー応用複合生産システム」（総経費150億円）のお手伝いをすることになった.

帰国後の1983年に「FMS：生産革命の主役」（日刊工業新聞社）を出版したが，日本でも生産が多様化の時代に入っていたので，それなりに読まれたと思う.

著者自身はイギリス滞在時のモジュラー設計の知見を活用して，システム開発全体に対して具申し，帰国後，東京都立大学内に機材を預かって実験した．当時のセルやFMSを高度化し，国家プロジェクトでは「FMSC」（Flexible Manufacturing System Complex Provided with Laser）と命名して，今日の日本の生産システムのモデルを示した価値はきわめて高い.

とくに機械加工分野では，主軸頭をモジュール化し，加工の要求に応じて最適なモジュールが選択されて主軸にカービックカップリングされる方式で，そこには熱処理用のレーザも併設されている．15kWの炭酸ガスレーザは別に開発され，材料の切断などに用いられた.

茨城県つくば市の機械技術研究所（現・産業技術総合研究所の一部）にモデル工場が設立され，実働したときの喜びは忘れられない．無人搬送車に乗って視察できたら素晴らしいと提言したがならず，完成年次にはヤマザキマザックのFMS工場が実現され，大晦日の「行く年，来る年」でテレビ放映されたのが思い出される.

1980年代の日本の貿易出超が欧米から批判され，自動車を中心に現地生産化してきたが，やはり"ものづくり"そのものを先進国間で協力すべきであろうという考えで，「IMS」（Intelligent Manufacturing Systems）を提案，実現してきた.

当初の吉川弘之委員長は，競争段階の現商品は民間企業の自由とするが，競争後（post-competitive）と競争前段階（pre-competitive）の商品開発に関しては，先進国間で情報を共有して開発していくとの方針であった.

1990年から国内では発足したが，当初はアメリカの反発も強く，ようやく1992年に最初の国際会議を開催でき，日米欧始めカナダとオーストラリアも参加した.

当初は1500億円，"ビリオンダラープロジェクト"として国際研究所を2か所創設すると喧伝してきた．しかし，先進国のものづくり技術はそれぞれの特徴の下で進展し，研究機関も存在しているとの視点から，これらの研究機関を活用して実施すること，国際プロジェクトは3か国以上の産・学が参加すること（6機関以上の参加）を条件に持ち帰り研究する方針とし，1992年からフィージビリティ研究を4課題開始した.

その後，ECがEU化して正式参加した後，本格研究が開始され，2001年から韓国も参加した．著者自身は，国内委員長や当初は日本代表の国際技術委員，その後，国際運営委員を仰せつかって運営に参加してきた.

日本は40ほどのプロジェクトに参加し国際力を磨けたことは，企業・大学に多くの成果をもたらしたと思う．著者自身，国際運営を行なう立場からプロジェクトには参加しない方針を取ったが，EU／ノルウェー発の「工学教育の改善プロジェクト」に関してのみは日本代表として参加させていただいた.

3時間程度のモデル講義を放映することになり，それなりに苦労したが，全体的には大変良くまとまった内容であると自負している.

著者自身は2007年に引退し，日本自体も2010年にメンバーを退いた．その後IMS国内関係者の集まりが実施され，今後の国際プロジェクトの

方針について意見交換してきたが，現時点では具体的成果には至っていない．

当初は，環太平洋プロジェクト（TPP）の一環として製造分野の国際協力を発信できないかと活動してきたが，アメリカ大統領選挙の結果を受けて，目下は方向性が定まらない状況である．

また，ドイツ発のインダストリー4.0構想に準拠すべきかについては，次第に同構想が実施段階に入り，日本政府が直接参加するわけではないが，日本の製造業が具体的に参加している段階である．

IMSの発信以来，すでに30年が経過しつつある．その後の経済産業の国際化の流れのなかで，日本の技術力をいかに高めていくべきかに関しては，国として方針策定するべきか，あるいは民間の独自性を尊重するべきかの基本を見定めなくてはならないであろう．

少なくとも日本の全体方針は国として定め，必要に応じて国際的なプロジェクトを推進し，ここに大学などが支援すべき立場があり，民間企業は国の方針を見ながら自身の戦略を立て，国際化をはかっていくべきと考えている．

重要なことは，中小の民間企業は国際戦略の実施方法に必ずしも十分な体制が組み込めない点であろう．IMSの時代にスイスが独自に参加し，中小企業も直接的にプロジェクト代表を担っていたが，スイスの場合，日本の中小企業とは資質と方針に違いが感じられた．日本の中小企業もスイスに学ぶべき点が多いのではないだろうか．

Q16-6　国家プロジェクトFMSCでは，加工の自動化と組立の自動化を一体化した．その考えかたを述べてみよう．

Q16-7　国際プロジェクトIMSのプロジェクトを1つ選び，その概要を説明してみよう．

Q16-8　2020年は米中の貿易戦争で，国際化が見直されつつある．その環境下で，今後の製造業の国際化と日本の立場に関して意見をまとめてみよう．

参考文献
1) 古川勇二／「FMS─生産革命の主役─」（日刊工業新聞社　1983年1月）
2) 古川勇二他／「ファクトリー・オートメーション」（日本機械学会誌　86─779）
3) "ファクトリー・オートメーション"「日経グラフィカル」（日本経済新聞社　1983年10月）
4) 「FA百科」（日刊工業新聞社　1983年8月）
5) 「知りたいFMSとMC」（ジャパンマシニスト社　1986年10月）
6) 「FMC入門」（日刊工業新聞社　1983年11月）
7) 「日本のFMC事例集」（マシニスト出版　1982年10月）
8) 松島克守／「やさしいCAD/CAM」（工業調査会）
9) Recent trends in Flexible Manufacturing, ECE United Nations（1986年1月）
10) 「次世代技術の展開と我が国機械輸出の将来展望」（日本機械輸出組合　1985年5月）
11) 「産業機械ビジョン」（通商産業調査会　1984年11月）
12) 「情報化・FA化の進展と中小・下請企業の構造変化に関する調査研究」（（財）機械振興協会経済研究所　1986年5月）

17　製造をめぐる科学と技術と工学　─21世紀のものづくり

17.1　術から科学へ

人類はその誕生以来，常に人工的な"もの"をつくり，永続的発展を遂げてきた．石器や竪穴式住居に始まった人工物づくりだが，そのつくりかたに関する知識が「工学」の体系に整理され始めたのはそう古いことではない．

個人の知識として独占されていた錬金術を，アグリコラ（ドイツ）が「冶金学」として集大成したのは，16世紀半ばである．

1776年のワット（イギリス）の「蒸気機関」の発明は，その後ランキン（イギリス）によって「熱機関工学」として体系付けられた．

機械のようにその概形が見える分野では技術や発明が先行し，工学としての知識体系が後追いの形を取っているが，1884年のエジソン（アメリカ）の電球の発明は，マクスウェル（イギリス）の「電磁気学」の後である．

"技術の技"と"工学の知識"とは，およそどちらが先ということはなく，一方が先行すると他が後追いし，追い越すという繰り返しである．

いわゆる今日的な工学知識が体系化されたものとしての起源は，ニュートン（イギリス）の論文「プリンキピア（Principia）」（1687年）にある．これこそが人工物の力と変位の関係を明示し，今日，人工物設計に不可欠の「工業力学」と「電磁気学」の基になった．

このように人類の「ものづくり」*に関する知識の体系は，科学→工学→技術の直線的連鎖関係にあったし，今後も多くはこの流れに沿って知識化されていくであろう．

それぞれの位置付けについて吟味してみると，次のようである．

- 技術＝工学知識を基にして自然界の事物を改変し，自然界には存在しない人工物を創出すること．
- 工学＝科学知識を技術に応用するにあたり，種々の技術に共通する応用知識として体系化すること．
- 科学＝自然界に存在する諸対象の法則を解明すること．

ところが，科学技術が大きく進展した今日では，技術，工学，科学の関係がこれまでのように単に直線的連鎖ではなく，円環的連鎖になっている分野が多い．とくに超先端分野においては，技術展開が科学の次の発展を促すことも稀ではなくなっている．

17.2　C_{60}フラーレンの示唆

その具体例の1つが「C_{60}フラーレン」である．炭素原子60個がサッカーボールのように球状に配列され，そのなかは空っぽの分子構造で，自然界にごく微量存在するものが十数年前に発見された．

中空部に他の原子を埋め込めば，これまでにない新しい特性を示すため，次世代材料として大いに期待され，さらには球状から円管状に人工的に配列することも可能になるなど，今まで自然界に存在しない形のフラーレンも創成されている．

ということは，自然界における発見と，人工的にフラーレンをつくり出すことが，この分野の科学技術発展において相補しているのだ．

この事例からもわかるように，原子，分子のミクロ領域では，自然界の科学的発見と人工界の技術的創成が重畳して研究され，その橋渡しとして工学的体系が存在している．

換言すれば，新物質の創造自体がもはや科学であるのだ．これからの時代のものの製造は，中世のような術ではなく，現代のような製造工学でもなく，実は「製造科学」と呼ぶにふさわしい所以である．

17.3　スペースシャトルの示唆

他方，巨大技術に目を向ければ，かつての「スペースシャトル」がある．この技術は天体物理学による正確な軌道の割出しと，その軌道に正確に打ち上げ，調整するシステム工学に他ならないのである．

これらの科学と工学は，コンピュータ技術を駆使して初めて実のものになったのもまた事実である．スペースシャトルに象徴される巨大技術における製造は，まさに科学であり，工学であるといえる．

このように巨大技術分野でもまた，その製造技術は科学化していることが検証される．近い将来

にスペース工場が実用化されれば，そこは真に非地球環境であり，そこでのものづくりは科学的でなければ成り立たないことは明白である．

17.4　分子生物学に学ぶ

イギリスの科学哲学者アーサー・ケストラーが"ホロン革命"を提唱して60年以上になる．元来は「全体（HOL）と個（ON）とが調和してシステムが最適化される」と解釈してよいであろう．この考えかたは，社会や企業組織のありかたなどに大いに参考にされたのだが，やはり生物学への影響が最も大きかったと考えられる．

それまでは，ヒト，サル，イヌというようにそれぞれの個体全体に着目して生物学は発展してきたのだが，それでは全体を構成する要素は何なのかに関心が払われるようになり，その結果，個体を細かく切り刻んでいくと，最後の構成要素である「細胞」になり，さらに各細胞の構成元素は同様であることがわかってきた．

元々の構成要素が同じであっても，その組合わせ方法の違いによって，およそ37兆個の細胞からなるヒトやサルという異なった個体に構成されるのである．

このような「分子生物学」の発展をもたらした"ホロニック"思考は，工学分野でもまた大いに活用できる．

その事例としては，コンピュータシステムの構成法が挙げられる．従来は大型コンピュータをホストとし，その下部に中型からパソコンへと階層的に接続されてきたのだが，その後の「ワークステーション」機能の飛躍的発展もあって，各ステーションが蜘蛛の巣のようにネットワークされたシステム構成にとって代わられている．

このとき，各ステーションの個としての役割と全体システムとが，いわゆる"自律と統合"の観点から構成されているが，これは「ホロン」そのものといってよい．

生産システムについても，システム全体と構成要素を，自律と統合の規範を基に構成している．それがIMSプログラムの研究プロジェクトの1つ，「ホロニック・マニュファクチャリング」である．これはミクロ科学志向とマクロ科学志向とを複合させた考えかたであると理解できる．

著者も同様の志向で，完全平面の創成に挑戦した．周知のようにシリコンウェハは，ラップ盤の2枚の板に挟まれて研磨されている．このラップ板はどのように平面にされたかといえば，3枚のラップ板を2枚ずつ順次擦り合わせるという前近代的技法，すなわち「三面定盤」の原理以外にない．

「完全平面とは3点を通る直面」と数学的には定義できるが，これはあくまでも私たちが頭のなかで考えるもので，物理的な実在ではない．実在は"ポテンシャルエネルギー一定の面"である．

ポテンシャルエネルギー一定という全体を，構成要素であるシリコン原子でどのように創成できるだろうか．

シリコン原子という「個」をシリコン基板上に飛ばして，各原子が基板表面上を拡散すれば，ポテンシャルエネルギーの低い凹部に自動的に捕捉され，そこに拡散原子が自律的に堆積する．この方法によって，これまでにない超平面が完成される方向にある．

17.5　ダイオキシンが発する危険信号

化学物質の製造以外は，およそ私たちの人工物生産は"アクション"を原理としている．ところが，アクションの効率化ばかりに気を取られていると，とんでもない"リアクション"が待ち構えていることに注意しなければいけない．

オゾン層の破壊要因であった「フロン」は，私たち人類が気付かなかった反作用によるものである．

今，人類がつくり出している猛毒「ダイオキシン」は，私たちが日常的に利用しているすべての工業製品の焼却時に微量ずつ排出され，蓄積されている．このダイオキシンを発生しない工業製品

の設計と製造および廃棄方法については，これまでにない科学的，化学的アプローチが必要である．

　工業製品のリサイクル，ライフサイクルアセスメント，そしてインバースマニュファクチャリングにおいて，製造科学的視点が強く求められる理由である．

Q17-1 ものづくりに関する技能，技術，工学，科学への発展過程をまとめてみよう．

Q17-2 先端の加工学は，分子・原子のレベルに至っている．事例を挙げて説明しよう．

Q17-3 加工学の最先端も分子生物学の考えかたと同様である．事例を挙げて説明しよう．

*「ものづくり」とは，「人間社会の利便性向上を目的に人工的に「もの」（形のある物体および形のないソフトウェアとの結合を含む）を発想・設計・製造・使用・廃棄・回収・再利用する一連のプロセスおよびその組織的活動であり，結果が社会・経済価値の増加に寄与できるとともに，人間・自然環境に及ぼす影響を最小化できること」を指す．
日本学術会議報告　「21世紀ものづくり科学のあり方について」2008年9月18日，日本学術会議機械工学委員会生産科学分科会主査　古川勇二）

写真・資料提供一覧

10ページ　図1.2　　　　表面のうねりと粗さ（オフィスHANS『イントロ製図学』他）
11ページ　写真2.1　　　精密石定盤のラップ作業（株式会社ミツトヨ）
13ページ　写真2.2　　　シリコン単結晶とスライスしたウェハ（手前）（株式会社SUMCO）
15ページ　写真2.3　　　一般的なブロックゲージ（黒田精工株式会社）
15ページ　写真2.4　　　きさげ作業の実際（株式会社山崎技研）
34ページ　写真7.1　　　1922年にアメリカ・テキサス州オデッサで発見された鉄隕石（重さ20.9kg）（明石市立天文科学館）
42ページ　写真9.1　　　16世紀以前の木工旋盤（Theatrum instrumentorum et machinarum, 1578）
43ページ　写真9.2　　　モズレーの旋盤（English and American tool builders, 1926）
43ページ　写真9.3　　　リンカーン社（プラット＆ホイットニー社製）の初期のフライス盤（American Technical Society, 1919）
44ページ　図9.1　　　　CNC旋盤の構造と駆動原理（株式会社キーエンス）
44ページ　写真9.4　　　CNC旋盤（株式会社滝澤鉄工所）
45ページ　図9.2　　　　CNCマシニングセンタの駆動原理（株式会社キーエンス）
45ページ　写真9.5　　　立形マシニングセンタ（株式会社滝澤鉄工所）
47ページ　図10.1　　　切削加工における切りくずの形態（「加工学特論」／鈴木・香川大学）
74ページ　図14.1　　　ヤマザキマザックの工場温度制御システム（ヤマザキマザック株式会社）
81ページ　図16.2(a)　汎用機械による加工作業（ファナック株式会社カタログより）
81ページ　図16.2(b)　自動加工セルによる加工作業（ファナック株式会社カタログより）
82ページ　図16.3　　　機械加工用FMSの構成（日刊工業新聞社『FMC入門』に加筆訂正）
82ページ　図16.4　　　マシニングセンタによるFMCの構成（日刊工業新聞社『FMC入門』に加筆訂正）
83ページ　図16.5　　　機械加工用FMSの構成（株式会社牧野フライス製作所カタログより）
84ページ　図16.6　　　組立用FMCの構成（旧通商産業省大型プロジェクト資料に加筆訂正）
85ページ　写真16.1　　モータ自動組立用FMC（ファナック株式会社）
85ページ　写真16.2　　最近のサーボモータ自動組立工場（ファナック株式会社）
85ページ　表16.2　　　モータ自動組立用FMSの経済効果（ファナック株式会社資料より）

おわりに

「はじめに」を書いた当時は，本書はとうの昔に出版される予定で始めたのですが，構想よりも1年も遅れての出版となってしまいました．もう若くない歳なので，止むを得ないところでしょうか？

本書の後半部分は，書くというより昔の資料を持ち出してつなげただけで少し寂しい思いもありますが，よく考えてみると加工の現場は素晴らしく技術進展してきましたが，その科学的本質は半世紀にわたってほとんど変化がないことでした．おそらく，今後も変化はないのではないでしょうか？

そこで，その加工科学の本質に立脚して著せば加工科学の考えの基本を伝えられるのではないか，と考えてまとめたものが本書です．私自身の研究生活が加工学で始まりましたが，実際には加工科学領域には立脚していなかったこと，そのことに自身では十分に気付かなかったにもかかわらず，研究生活の対象は除去加工から分子レベルの付着加工へ，そして最後は植物や細胞を活用したバイオメカニクスへと移行して終えました．

本来ならば人生の後半部分，世間でいえば最新部分で経験したことを記載すべきか悩みましたが，後半部分の全体像は自身でも十分には理解できていないところもあって，かつ人生の前半部分に経験したことは比較的単純な現象ではあったのですが，産業上の意義はあるかもしれないと考えて本書にまとめました．

加工科学という分野での原則を立て，執筆し始め，第1章の「形状の創成原理」は従来にないまとめかたで書き込んだつもりですが，第2章の「除去加工による形状の創成原理」は従来の類似本とほぼ同様です．ただ，できるだけシステム的に記述することを心掛けました．

加工学分野には名著書が多いので，改めて自身が書くのはどうかとも考えたのですが，自分の見方で「除去加工による形状の創成原理」にまとめてみました．第3章の「創成形状への擾乱と対策原理」は，ほぼ私自身の昔の研究生活のまとめのようなものですが，もう少し精査して執筆すべきであったかもしれません．

従来からいわれてきた加工への擾乱の影響や，これらも考慮した数値制御とシステム化に関して，昔，自身で担当した国家プロジェクトを振り返って記述してみました．全体的にバラツキが多いかもしれませんが，本書で「除去加工原理」を学んでいただき，それから除去加工の全体像を見出し，現場での対策に役に立つ解答が得られればまことに幸いです．

アジアの発展にあって日本の加工業は大変な時代を迎えていますが，しかし，少資源国日本の進むべき道は，高付加な製品開発以外にはありません．ぜひ，そのための「加工原理」を思い出してください．

なお，執筆に際して先駆者の名著を参考にさせていただきましたが，歳のせいか参考執筆者名を失念している箇所があるかもれません．ご容赦いただきたく思います．また，出版を担当してくれたオフィスHANSの辻修二氏は昔からの知り合いで，本書も彼のご支援で完成した次第です．改めて感謝申し上げます．

索 引

あ〜

穴形状	26〜28
アルミナセラミック	49
安定不安定限界	68
位置決め運動	45
1次びびり	62, 64
隕石	34, 35
インダストリー4.0構想	88
インバー	73
インボリュート曲線	30, 31
インボリュート歯車	31, 32
うねり	8〜10, 20〜28, 62, 70
うねりの再生	69
鋭利性	38
エジソン	89
エッチング	13
応力・歪曲線	36
送り運動	45

か〜

外乱	56
科学	10, 16, 88〜91
加工系の解析	61
加工性	38
加工セル	80, 86
管理と制御	83
機械の熱変形対策	74
幾何学的成円機構	25
きさげ加工	15
疑似等径歪円	20
技術	10, 12, 88, 89
奇数の力学	29
軌道付き搬送車	83
強制振動源	56, 57, 59
切りくずの形態	46, 47

切り残し	52, 54
組立用FMS	84
組立ロボット	84
結晶方位	49
研削	52
鋼	35, 36
工学	89
合金工具鋼	38
工作機械	42
工作物自動交換装置	81
高速度工具鋼	38
硬度	34, 38, 40
コンピュータ数値制御	75

さ〜

サーボ機構	75
サーメット	38〜40
サイクロイド曲線	30
再生型自励びびり振動の発生機構	68
再生効果	62
再生効果の変更	70
再生びびり	62, 68, 70〜72
3角歪円	17, 19
三面定盤	10, 12
三面定盤の原理	11
時間遅れ系	61
自己相関係数	59
自動倉庫	83
自動取付け・自動取外し	81
自動プログラミング	78
主運動	45
10進法	78
寿命方程式	46
蒸気機関	89

擾乱	28, 56, 57〜60
シリコンウェハ	12〜14, 90
シリコンウェハの製造	12, 14
自律と統合	90
自励振動	61, 65〜68, 70
真円	17
水銀温度計	72
数値制御	45, 75, 76
数値制御原理	75
スティックスリップ	61, 64
スペースシャトル	89
製造科学	89, 91
精密コンクリート	73
ゼーベック効果	73
切削	26, 27, 34, 44, 46, 47
切削加工系のブロック線図	63
切削切り残し	52
切削幅	48, 54, 62, 66, 67, 69
切削力の時間遅れ特性による自励振動	67
切削力の垂下特性	65
接触剛性	71
セラミックス	14, 39
銑鉄	35
ソフト・オートメーション	80

た〜

ターニングセンタ	43, 77
ダイオキシン	90
ダイヤモンド	40
多結晶アルミ合金	51
多刃切削	52
単結晶シリコンインゴット	12
単結晶体	49, 51
炭素工具鋼	38

単刃切削 52
力型の強制擾乱 57
チゼル 26
窒化ホウ素 40
鋳鉄 35, 37, 41
超硬合金 38～41
超高性能レーザー応用複合生産システム 87
超硬フライス 58
超精密工作機械 49
直線 8, 9, 30
直線インボリュート 31, 32
テイラー 46, 47
鉄隕石 34, 35
点 8, 9, 17
電磁気学 89
砥石の接触剛性 64
砥石不平衡 60
等径歪円 17
トランスファライン 79
ドリル 26～29
ドリル加工 25～28, 29

な～

中ぐり盤 25
2進化10進法 78
2進法 78
ヌープ 40, 41
熱機関工学 89
熱電対 72
熱変形 72～75
熱変形率 72～74

は～

パーソンズ 75
ハード・オートメーション 80
ハイス製フライス 58
ハイパーダイヤモンド 40

パルスモータ 76
パワースペクトル密度 59
ピエゾ電子 49
比切削剛性 69
ビッカース 40, 41
びびり 59～72
表面粗さ 9, 59
不釣合い 56
フラーレン 89
フライス盤 43
ブリネル 40, 41
プリンキピア 89
フレキシブル 80
プログラミング 78
プログラム制御 78
ブロックゲージ 14
分子線エピタキシー 16
平面 8, 10, 12～17, 22, 34
劈開性 41
変位型の強制擾乱 57, 59
方位係数の変更 69
ホロン 90
ホロン革命 90

ま～

マーチャント 46, 47, 49, 52
マイクロ切削過程 51
摩擦駆動 49
摩擦振動 61
マシニングセンタ 43, 77, 81, 83
モード連成による自励振動 66, 70
モズレー 43
木工旋盤 42
ものづくり 3, 88, 89

や～

冶金学 88
有限要素法技術 (FEM) 74

ら～

ラック加工 32
ラック盤 32
ラップ 11, 13, 29
ラプラス変換 20, 21
リアクション 90
立方体 8
リニアボールベアリング 16
リンギング 14
ルーロー 17
錬鉄 35
ロックウェル 40, 41

A～

ACサーボモータ 76
AGV (自動誘導搬送車) 83
APT 78
ATC (自動工具交換) 81, 83
CAD 85
CAD/CAM 85, 86
CAM 85
CIM 79, 85, 86
CNC 45, 75, 77
CNC工作機械 45, 75, 83
CNC自動加工 81
DCサーボモータ 76
EXAPT 78
FA 79, 80, 85, 86
FEM解析 52
FMC 80～83
FMS 78～87
FMSC 87
IMS 87
MIS 85
OA 86

古川勇二（ふるかわ・ゆうじ）

1943年東京生まれ．1966年東京都立大学工学部機械工学科卒業，修士課程を経て1974年工学博士，同年東京都立大学助教授，1975～1976年マンチェスター工科大学客員助教授，1983年東京都立大学教授，1993年～2003年工学部長，都市科学部長などを歴任．2003～2008年東京農工大学機械システム工学科教授，技術経営研究科長．2008～2016年職業能力開発総合大学校校長．

東京都立大学，東京農工大学，職業能力開発総合大学校および大連理工大学名誉教授．

上海交通大学客座教授．早稲田大学，慶応大学，東京農工大学，電気通信大学，放送大学，法政大学などで非常勤講師．

工学教育（ものづくり，超精密加工など），都市科学教育，技術経営教育，職業教育など多分野で指導にあたり，とくにものづくりを中核とした研究・教育分野で日本の学術・産業界に貢献，アメリカ，ヨーロッパ，カナダ，オーストラリア，韓国とのIMS国際共同研究や，タイ，台湾，中国で国際支援活動を行なっている．

これまで日本学術会議会員，精密工学会会長，日本機械学会生産システム学委員長，FA部門長，国際部門長，SME（国際生産技術者協会）日本支部長，日本工業英語協会理事，経済産業省産業構造審議委員，同日本工業標準調査委員会産業オートメーション委員長，文科省学術審議会専門委員，科学技術庁科学技術会議国際部会委員，大学基準協会基準委員会委員，工作機械工業会工作機械ビジョン委員長，国土交通省審議会専門委員，発明協会特許技術マップ委員長，NEDO技術委員（機械委員長），IMS（知的生産システム国際共同研究プログラム）日本代表，技術経営教育協議会（MOT）会長，首都圏産業活性化協会会長などを歴任した．

精密工学会賞，日本機械学会賞，日本ロボット学会賞，経済産業大臣表彰，IMS国際貢献賞など受賞歴も数多い．

学生時代には東京オリンピック通訳を経験，酒とゴルフを愛し，茶道（江戸千家）を嗜む．

機械加工学 — 形状の創成原理
Mechanical Metal Removing—Principle of Shape Generation

初版発行　2020年6月27日

著　　者　古川　勇二

発 行 者　辻　修二

発 行 所　オフィスHANS
　　　　　〒150-0012　東京都渋谷区広尾2-9-39
　　　　　TEL（03）3400-9611　FAX（03）3400-9610
　　　　　E-Mail　ofc5hans@m09.alpha-net.ne.jp

制　　作　㈱CAVACH（大谷孝久）

印 刷 所　シナノ書籍印刷㈱

ISBN978-4-901794-24-4 C3053　2020 Printed in Japan

オフィスHANSの本

航空機生産工学（Aircraft Manufacturing Engineering）

半田邦夫・著　A5判（上製）　324ページ　本体4,000円

航空宇宙産業は，機械，電気，化学などあらゆる工学を網羅した，広い裾野を持つ壮大な技術基盤である．本書は，現代の科学技術の粋を集めた航空機システムを，とくに機体製造に関して一貫した"ものづくり"の視点からとらえ，300余点の図版と写真を駆使して体系的に解説した世界にも類のない航空機生産技術書である．航空機，ロケットを始め，通信，計測，精密機器など関連分野に携わるすべての技術者はもちろん，将来この分野に進もうとする人にとっても有用で普遍的なテキストブックといえる．

内　容
Part. 1　日本の航空機産業の発展
Part. 2　製造計画
Part. 3　航空機構造材料
Part. 4　治工具計画
Part. 5　板金加工
Part. 6　機械加工
Part. 7　金属接着と複合材成形加工
Part. 8　溶接とろう付け，特殊加工，精密鋳造
Part. 9　表面処理と塗装
Part.10　構造組立と艤装，整備と試験飛行，定期整備，品質保証

イントロ金属学（Introduction to Metals Engineering）

松山晋作・著　B5判　192ページ　本体3,000円

あらゆる産業の共通なベースである金属材料について，材料力学はもちろん，熱力学や電気化学，物性学などとの関連を意識しながら解説した，ものづくり分野を対象にまとめた教科書である．材料の製造から応用，廃棄そしてリサイクルまで，専門課程に進む学生を始め現場の設計者，品質保証関係者と対象は幅広く，あらゆる工学分野で金属材料の基礎知識を得ることができる．

内　容
Chapter. 1　物理的性質から見る
Chapter. 2　化学的性質から見る
Chapter. 3　結晶の性質から見る
Chapter. 4　異種金属を混ぜる
Chapter. 5　特性を調べる
Chapter. 6　鉄鋼材料
Chapter. 7　軽金属
Chapter. 8　導電性材料
Chapter. 9　特別な機能を持つ金属
Chapter.10　粉末合金と複合材料
Chapter.11　金属を接合する
Chapter.12　表面改質
Chapter.13　劣化・破壊はなぜ起こるか

イントロ製図学（Introduction to Mechanical Drawing）

小泉忠由他・著　B5判　226ページ　本体3,000円

「ものづくり」の基本となる図面を描くためには，材料の選択から加工方法，はめあい，表面仕上げまで広範な知識が要求される．本書は，JIS（日本工業規格）に基づいた機械図面を描くための基礎知識，とくに線の種類や太さを理解し，ねじやばね，歯車といった基本的な機械要素部品の描きかたを学ぶことで，図面の作成作業を通して実際の生産に不可欠な技術的知識を習得するために最適な，製図学の基本に重点を置いた教科書である．

内　容
1　規格について
2　機械製図
3　図形の表わしかた
4　寸法記入方法
5　ねじ
6　歯車
7　ばね製図
8　転がり軸受
9　寸法公差・はめあい
10　幾何偏差と幾何公差
11　表面性状の図示方法
12　溶接記号
13　スケッチ
14　材料
図面の折りかた／演習課題／参考規格